PETIT TRAITÉ DE L'ÉVOLUTION

DU MÊME AUTEUR

L'Émergence de l'homme : essai sur l'évolution et l'unicité de l'homme, Paris, Gallimard, 1999.

Ian Tattersall

Petit traité de l'évolution

Traduit de l'anglais par
Jean-Pierre Bardos

Fayard

Cet ouvrage a été publié
sous la direction de Pascal Picq.

Titre original
The Monkey in the Mirror.
Essays on the Science of What Makes Us Human
Édité par Oxford University Press.

À mes parents,
à Jeanne.

Préface

par Pascal Picq

Comment l'homme pense-t-il ses origines ? Voici reposée la grande question, universelle, celle qui fonde l'humanité : le propre de l'homme. Toutes les cultures humaines d'hier et d'aujourd'hui possèdent un récit qui installe l'homme dans l'univers. Les mythes fondateurs et les religions ont proposé une diversité à peine concevable de cosmogonies, de vérités révélées et de dogmes exclusifs qui devraient nous amener à prendre conscience de la seule vérité : il n'existe pas de récit véritable de nos origines. Il en est de même en paléoanthropologie, la science qui étudie les origines et l'évolution de l'homme. Dieu merci !

Concevoir l'idée d'origines, c'est être capable de proposer d'autres états du monde. Alors se pose une seconde question : cette quête est-elle le propre du psychisme de la seule espèce humaine actuelle, *Homo sapiens* ? Serions-nous les seuls singes en proie à cette interrogation ? C'est ce que pense Ian Tattersall. Certes, on sait aujourd'hui que des grands singes comme les chimpanzés possèdent des rudiments de conscience ; on sait qu'il a existé sur cette terre plusieurs espèces d'hommes, la plupart du temps contemporaines ; mais seuls nous, les *Homo sapiens*, inventeurs incontestés de mondes peuplés de symboles, avons cette capacité jusque-là inconnue dans l'histoire de la vie.

Présentée ainsi, cette idée fait retentir les bonnes vieilles sirènes de l'hominisation, la conception de l'histoire de la vie qui admet une évolution de l'homme – ou plutôt, pour être plus juste, que l'on a réduite à l'homme – entièrement orientée vers l'émergence d'*Homo sapiens*. Il n'en est rien. Ian Tattersall est l'un des grands spécialistes de l'évolution, de ses processus, et l'un des meilleurs connaisseurs des primates et de leur histoire. C'est en cela qu'il se distingue des parangons de l'hominisation, qui défendent leur quête de vérité en ignorant les théories modernes de l'évolution et les découvertes réalisées sur les comportements des grands singes.

Voici un livre qui procède selon des cercles venant se concentrer sur l'homme, mais sans sombrer dans l'anthropocentrisme. Le premier cercle est celui des sciences et de leur mode d'interrogation du monde comparé aux autres systèmes de pensée autour de l'homme. La paléoanthropologie n'est pas une quête de vérité. Elle ne cesse de remettre en question les connaissances acquises pour en proposer de nouvelles. En témoignent la récente découverte de Toumaï et la réfutation (partielle) de l'East Side Story d'Yves Coppens. Le second cercle se concentre sur ce qu'est la vie, son histoire et son évolution. Car de la compréhension que l'on a de la vie découle une autre conception de l'évolution de l'homme. En passant d'une construction linéaire et hiérarchique de l'arbre du vivant au buisson en éventail de la diversité des formes de vie, on retrouve l'homme et sa lignée dans une position très différente, au bout d'une petite branche dont la taille est inversement proportionnelle à l'importance que nous lui donnons. Voilà qui nous entraîne dans le troisième cercle, celui des primates et des singes. En réalité, ce qui fait l'homme se retrouve en différents nœuds de cette lignée foisonnante attachée au monde des arbres. La recherche des origines de l'homme, de la lignée humaine, nous fait enjamber le quatrième cercle, avec la bipédie et l'émancipation par rapport au monde arboricole – une période encore mal connue, même après la découverte de fossiles africains vieux de quelque 6 millions d'années. Après quoi le genre humain ouvre son cercle écologique – le cinquième cercle – pour investir de nouveaux horizons rendus accessibles grâce à une physiologie endurante et à l'invention de cultures sur lesquelles reposent de plus en plus nos adaptations par la pierre, le bois et le feu. Puis on entre dans le sixième cercle, avec une réflexion qui dégage l'homme des ornières réductionnistes de la sociobiologie et de la psychologie évolutive, car l'état des connaissances actuelles sur les mécanismes de l'évolution ne permet pas – pas encore – de tout comprendre de notre histoire évolutive à peine défrichée.

Le grand intérêt de cet essai réside là, dans cette réflexion critique d'un scientifique sur ce qu'est notre évolution. Une rupture radicale avec les controverses sur nos origines qui opposent dans un débat impossible, notamment en France, la cohorte des auteurs du registre inépuisable des « ce que je crois » à quelques paléoanthropologues qui livrent ce que l'on sait sur l'homme et ouvrent une large fenêtre sur tout ce qui reste encore à découvrir. Ian Tattersall défend depuis longtemps l'idée d'un buissonnement d'espèces au sein de notre lignée évolutive, d'une coexistence de plusieurs espèces contemporaines, depuis Lucy et les australopithèques il y a plus de 3 millions d'années en Afrique jusqu'à Neandertal et Cro-Magnon il y a seulement un peu plus de 30 000 ans en Europe. Mais, pour lui, seules certaines populations de Cro-Magnon sont porteuses de cette formidable révolution cognitive qui produit nos modes de représentation symbolique. Dès lors, c'est comme si une unique espèce d'une lignée jadis florissante pouvait perdurer sur la terre. Pour ma part, je ne pense pas que seule notre espèce ait joui de ce don aussi improbable que réel de l'évolution. Il se trouve simplement que nous sommes les seuls survivants, ce qui rend la question de nos origines d'autant plus fondamentale.

Voilà donc ce que l'on commence à percevoir de notre passé. Reste l'avenir. Tattersall conclut magistralement son essai en expliquant que les conditions de notre futur ne sont pas contraintes par notre évolution, mais qu'elles sont à mettre en œuvre dans les facultés encore inexplorées de notre cortex d'*Homo sapiens*. Car, à l'évidence, mieux nous connaîtrons notre relation à la vie et à son histoire, comme Tattersall nous y invite si bien, mieux nous serons à même d'envisager ce qui vient.

Introduction

La rédaction de ces quelques chapitres en forme d'essai sur l'évolution de l'homme et autres sujets adjacents aura été pour moi une expérience insolite. Quand on écrit un livre « conventionnel », on suit une progression prédéterminée qui a sa logique et ses enchaînements. L'essai, en revanche, n'impose pas ce type de discipline : il vous emmène là où il veut, et les chapitres n'en sont pas inexorablement liés entre eux. C'est la raison pour laquelle l'écriture de ce livre a été à la fois bien plus intéressante et bien plus frustrante que je ne le pensais au départ. Et elle m'a conduit à une découverte inattendue, même si je m'aperçois, rétrospectivement, qu'elle n'aurait pas dû me surprendre : de même que tous les chemins menaient jadis à Rome, il semble aujourd'hui impossible d'écrire quoi que ce soit sur la biologie humaine sans faire explicitement référence au processus de l'évolution. Le grand généticien Theodosius Dobzhansky l'avait bien compris, lui qui écrivait, il y a quelques décennies : « En biologie, tout ne prend son sens qu'à la lumière de l'évolution. » Mais, aujourd'hui, nous sommes comme pétrifiés devant les *résultats* de 4 milliards d'années d'évolution de la terre, et prompts à considérer comme allant de soi le processus qui les a engendrés. Alors que je pensais qu'il suffirait d'un seul chapitre sur le processus de l'évolution pour en présenter les grandes lignes au lecteur, je me suis sans cesse vu contraint de revenir sur la question tout au long du livre. Qu'il s'agisse d'exposer la façon dont nous en sommes venus à marcher sur deux jambes, de situer l'homme par rapport aux espèces apparentées les plus proches, d'essayer d'expliquer comment *Homo sapiens* a franchi l'ultime étape décisive de l'humanisation, d'examiner s'il est vraiment possible d'imputer à nos gènes de « chasseurs-cueilleurs » nos comportements souvent bizarres, ou encore d'évaluer les perspectives qui s'ouvrent à l'homme dans l'avenir, je me suis toujours trouvé irrésistiblement ramené au processus si mal compris qui en est à chaque fois le secret artisan. Je demande donc aux lecteurs de me pardonner certaines répétitions et cette attention – qui pourra paraître quelque peu obsessionnelle – au processus au détriment du produit : la vérité est qu'ils sont absolument solidaires, donc que ni l'un ni l'autre ne peut être compris séparément.

Comme nombre de propositions avancées dans le présent ouvrage ne concordent pas avec les idées sur l'évolution élaborées dans les années 1950 et encore largement admises de nos jours, il me faut également préciser d'emblée d'où je viens. J'ai commencé mes études de paléoanthropologie au début des années 1960, c'est-à-dire à une époque où tout le monde considérait comme allant de soi que l'évolution de l'homme n'était qu'un long cheminement obstiné menant de l'état primitif à la perfection. Selon cette vision dominante, excessivement linéaire, *Australopithecus* avait donné *Homo erectus*, lequel avait donné *Homo sapiens*, grâce à l'intervention toujours bienveillante de la sélection naturelle. Cette histoire-là présentait de nombreux défauts : non seulement elle était suprêmement ennuyeuse, et trahissait assez gravement la réalité de ce qui s'est passé au cours de l'évolution, mais en accepter le principe obligeait (même à l'époque) à fermer les yeux sur la diversité – considérable – des fossiles humains répertoriés. Or il se trouve que j'ai eu la grande chance, à ce stade précoce de ma carrière, de me lancer sur une voie de recherche latérale, l'étude des lémuriens de Madagascar, sans doute les plus charmants et les plus charismatiques de tous nos cousins (ce sont, comme nous, des primates). Aujourd'hui, il n'existe sur la planète qu'une unique sorte d'être humain, et notre insularité nous porte volontiers à considérer comme inévitable, voire justifié, le fait d'être seuls au monde. Dans le cas des lémuriens, en revanche, il n'est pas possible d'ignorer la diversité : Madagascar comptait alors cinquante variétés de ces primates, et l'on vient très récemment d'en identifier une vingtaine d'autres. Où que les yeux se portent sur cette île au destin si malheureux, la diversité règne. Impossible à quiconque étudie ces primates si séduisants de les classer dans un ordre linéaire. Au contraire, une question s'impose : comment ont-ils pu se diversifier à ce point dans cet avant-poste isolé ? Qui plus est, la même question surgit quand on passe des lémuriens à d'autres primates, voire à certains mammifères. Le vivant *est* divers et, où que l'on regarde, c'est la variété qui saute aux yeux, non une quelconque continuité linéaire. Dans son splendide isolement, l'homme fait exception. Bien sûr, on ne peut le nier, cela implique qu'*Homo sapiens* a quelque chose de spécial (peut-être jouons-nous désormais le jeu évolutionniste selon de nouvelles règles), mais en était-il de même pour les prédécesseurs de notre espèce ? C'est une autre question, et j'y réponds fermement par la négative. Aussi longtemps que nous ne placerons pas les hominidés dans un contexte biologique normal, nous ne comprendrons pas ce qu'étaient nos ancêtres, ni comment nous sommes devenus ce que nous sommes. Nous retrancher sur un piédestal, c'est renoncer à toute chance de progresser dans cette connaissance.

Pour la plupart des pays du tiers-monde, les années 1975-1985 ont représenté une période difficile, d'un point de vue politique, administratif et économique (le récit de mes multiples mésaventures sur le terrain, notamment à Madagascar et dans les Comores, pourrait faire l'objet d'un autre livre), et c'est pour cette raison que j'ai dû abandonner l'étude des lémuriens dans les deux seules contrées où on peut les trouver à l'état sauvage. Sur le moment, j'en ai conçu un grand chagrin car j'aurais été heureux de consacrer toute ma carrière à l'étude de ces merveilleux animaux. Mais, rétrospectivement, je réalise que je ne dois pas m'en plaindre, car cette rupture m'a contraint à changer de sujet de recherche pour m'intéresser de nouveau à l'évolution des hominidés et l'aborder avec un regard neuf : les lémuriens m'avaient appris l'existence de la diversité, et l'étude des fossiles humains découverts (dont le nombre n'avait cessé de croître au cours de cette période) me disait la même chose sur les hominidés, dont la diversité est patente et qui sont loin de se présenter en ordre linéaire. En fait, l'histoire des hominidés est celle de la plupart des autres groupes d'organismes : une affaire d'expérimentation évolutive continuelle avec création constante de nouvelles espèces, tri entre elles par la compétition et extinction des perdantes (souvent sans intervention de l'adaptation ou de la sélection naturelle au sens traditionnel qu'on leur donne).

Si ce livre protéiforme suit une ligne directrice, c'est celle-ci : que connaissons-nous de la diversité dans la famille, vivante et éteinte, des hominidés, c'est-à-dire la nôtre ? Et, question majeure, comment l'avons-nous appris ? Dès le début, j'ai été encouragé à poursuivre ma réflexion sur cette piste par Jane Isay, directrice littéraire aux éditions Harcourt, sans qui je ne me serais jamais lancé dans cet ouvrage et dont les remarques pénétrantes m'ont été très utiles. Je tiens également à remercier Beth Harrison pour sa relecture si judicieuse du manuscrit, et Jennifer Aziz, qui a suivi l'ensemble du processus éditorial. Parmi les nombreux collègues dont le savoir et l'expérience m'ont été si bénéfiques pendant tant d'années, Niles Eldredge, Jeff Schwartz et Bob Sussman occupent une place à part. Ken Mowbray, comme toujours, m'a apporté une aide pratique très précieuse, et mon épouse, Jeanne Kelly, ne m'a ménagé ni sa sollicitude ni sa patience. Enfin, je saisis l'occasion pour remercier tous les lecteurs qui ont apprécié mes précédents ouvrages et m'ont écrit pour me faire part de leurs réactions. La science ne doit pas rester l'apanage exclusif des scientifiques, et c'est un grand encouragement pour un chercheur comme moi de savoir qu'il existe en dehors de notre petit monde des gens intelligents qui s'intéressent à nos travaux.

Chapitre 1

En quoi la démarche scientifique est-elle si particulière ?

Au nord de la Tanzanie, non loin de la frontière kenyane, la plaine du Serengeti, à la faune innombrable, est brutalement scindée par une immense faille de près de 60 km de long et 100 m de profondeur. Ce spectaculaire produit de l'érosion est la gorge d'Olduvai, l'un des hauts lieux de la préhistoire. Vue d'avion, surtout au crépuscule, quand ses parois sont ourlées d'or par le couchant (spectacle assez fréquent), cette gorge se pare d'une sorte de douce aura magique, presque mystique. En milieu de journée, au contraire, c'est un enfer rocailleux où les couleurs se dissolvent sous l'éclat impitoyable du soleil ; aucun être sensé ne songerait à s'y attarder, sauf extrême nécessité. Et pourtant, à certains moments de l'année, si l'on s'approche (avec précaution) du bord de la falaise, on est presque sûr d'apercevoir, tout au fond de la gorge, de petites silhouettes humaines en train de s'agiter. Non, ce ne sont pas des bergers masaïs en quête de points d'eau pour leurs troupeaux, mais, bien plus certainement, des paléoanthropologues à la recherche de traces d'une ancienne présence humaine : les roches de cette gorge sont les témoins de près de 2 millions d'années d'histoire géologique et humaine et, depuis sa découverte au début du XXe siècle, paléontologues, archéologues et autres s'y succèdent régulièrement. Le site est devenu célèbre en 1959 quand Mary et Louis Leakey en ont extrait le remarquable crâne baptisé *Zinjanthropus*. Quelques années plus tard, la découverte, dans cette même gorge, de plusieurs outils primitifs associés à divers autres fragments fossilisés aux traits plus humains que ceux des australopithèques les a conduits à postuler l'existence d'une espèce qu'ils ont nommée *Homo habilis*.

En voyant ces chercheurs débraillés, bronzés, transpirer au fond de cette gorge, on ne peut s'empêcher de penser qu'ils ne sont pas conformes à l'idée que l'on se fait généralement d'un homme de science – un individu en blouse blanche manipulant des instruments sophistiqués dans un laboratoire climatisé d'une propreté impeccable, ou couvrant un tableau noir tout usé d'impressionnantes formules mathématiques dans quelque amphithéâtre universitaire. Cette image n'est d'ailleurs pas fausse : certains chercheurs, peut-être même la majorité d'entre eux, ont ce genre d'allure et s'activent dans ce type de décor, au moins de temps en temps. Mais la catégorie des hommes de science est aussi diversifiée que toute autre catégorie d'êtres humains. Nombre d'entre eux, comme ceux que l'on peut rencontrer au fond de la gorge d'Olduvai, travaillent avant tout sur le terrain (géologues, botanistes, archéologues, spécialistes de l'écologie, primatologues, etc.), tandis que d'autres, dans ces mêmes disciplines, quittent rarement le confort et la sécurité de leur laboratoire. Qu'ont donc en commun ces deux groupes ? Qu'est-ce qui donne à la science son unité tout en la distinguant des milliers d'autres activités pratiquées par l'espèce humaine ? Commençons par écarter la mauvaise réponse : cette unité ne vient pas de ce que ces chercheurs appliqueraient avec zèle la « méthode scientifique », car *il n'y a pas* de méthode scientifique unique, il y en a pléthore. Et s'il est vrai que la méthodologie est au cœur de l'extraordinaire variété des activités auxquelles se livrent les hommes de science, ils utilisent cependant des techniques très variées pour affronter des problèmes qui le sont tout autant.

La nature de la science

Puisqu'il n'existe pas de méthode de recherche unique qui conférerait à la science son unité, mieux vaut sans doute considérer d'abord ce que la science *n'est pas*. Ce point est important car, dans l'Amérique actuelle, plus peut-être que dans tout autre pays développé, la défiance à l'endroit de la science est une attitude très répandue dont l'origine est à chercher avant tout dans l'ignorance de ce qu'elle est et n'est pas. D'un côté, nous sommes bien contents de bénéficier des découvertes scientifiques et de leurs applications biomédicales et technologiques, lesquelles, tout au long du XXe siècle, nous ont permis d'allonger la durée de la vie et d'accroître considérablement notre confort quotidien. De l'autre, nous sommes enclins à redouter les progrès de la science ou, tout au moins, à les regarder d'un œil soupçonneux. Il y a ceux qui sont toujours prêts à imaginer quelque catastrophe, tels les adversaires des aliments génétiquement modifiés quand ils échafaudent leurs scénarios les plus noirs. Il y a ceux qui exigent que la doctrine de la création divine soit enseignée dans les écoles[1], comme si les grands acquis de la

1. Le combat d'arrière-garde autour du créationnisme aux États-Unis pouvant paraître saugrenu à un lecteur français, il faut préciser qu'il est

science étaient intrinsèquement contraires aux croyances religieuses, ce qui n'est pas du tout le cas : la religion repose sur la foi alors que la science est fondée sur le doute ; et bien que religion et science soient toutes deux effectivement confrontées à la question des origines, la première traite de la cause ultime tandis que la seconde enquête sur les causalités proches. Il est fort peu vraisemblable que la science parvienne un jour à pénétrer les ultimes mystères de l'univers, et elle ne s'y essaiera probablement pas sérieusement, même si bien des chercheurs sont prêts à pontifier sur pratiquement tous les sujets imaginables...

L'erreur des créationnistes est de considérer la science comme un système autoritaire de croyances qui nous dirait, sans souffrir la moindre objection, comment l'univers s'est formé et ce qu'il est. Ici, l'image trompeuse du scientifique en blouse blanche quantifiant rigoureusement le monde du fond de son laboratoire ne nous est d'aucun secours : difficile en effet de se représenter une figure de l'autorité plus intimidante que celle de Monsieur Blouse-Blanche avec son bloc couvert de hiéroglyphes que les non-initiés (vous et moi) ne comprendront jamais. Peut-

---

le fait de certains groupes, très minoritaires mais très sonores, opérant au sein de confessions protestantes (beaucoup plus tournées vers l'Ancien Testament que la tradition catholique), et qu'il tire parti de la forte décentralisation américaine pour tenter de faire adopter (avec quelques succès ponctuels) des textes locaux – au niveau municipal – obligeant les écoles à enseigner le créationnisme en parallèle avec l'évolutionnisme. Les créationnistes ne craignent pas de rejeter aussi bien les méthodes scientifiques de datation que la stratigraphie géologique née de l'observation concrète de la nature ; pour eux, toutes les espèces vivantes, éteintes ou actuelles, ont été créées par Dieu il y a seulement quelques milliers d'années (*NdT*).

être serait-il préférable que l'image du savant travaillant sur le terrain (débraillé, ruisselant de sueur) soit mieux connue, puisque la plupart d'entre nous n'auraient alors aucun mal à s'identifier à lui. Néanmoins, il faut bien comprendre que l'un et l'autre ont le même type d'activité : le savoir scientifique, qu'il se constitue au cours des expériences de laboratoire ou par l'observation de la nature en plein air, est, par définition, provisoire. Et la plupart des hommes de science sont tout disposés à le reconnaître : aucun chercheur, pour peu qu'il y réfléchisse à deux fois, n'ira proclamer qu'il est bel et bien en quête de la « vérité » et qu'il a l'espoir de la démontrer une fois pour toutes – même si, reconnaissons-le, ce genre de propos échappe un peu trop souvent à l'un ou l'autre d'entre eux. La seule chose qu'un chercheur honnête entende faire, c'est *approcher* le vrai, conscient qu'il est que la vérité ultime ne relève pas de la science et que le savoir qu'il produit sera tôt ou tard amendé.

La rengaine des créationnistes, pour qui « le darwinisme est *seulement* une théorie », montre à quel point ces gens bien intentionnés se méprennent sur l'objet de la science : tout savoir scientifique est « *seulement* une théorie », et cela au sens le plus profond. La croyance religieuse est affaire de foi et, par voie de conséquence, elle ne change pas de contenu (à l'intérieur de certaines limites interprétatives). En revanche, la croyance scientifique n'est valide qu'aussi longtemps qu'elle est capable de résister aux tentatives visant à en démontrer la fausseté. Bien plus : alors que la science, au sens global du terme, repose sur l'idée qu'un progrès du savoir est possible (sinon, quel serait le but de toute l'entreprise ?), la seule manière de faire progresser ce savoir est de démontrer que ce que nous pensions être vrai hier, voire ce matin même, est entaché d'erreur ou, à tout le moins, incomplet. Et il va de soi que les chercheurs de demain seront tout aussi sceptiques sur les « vérités » d'aujourd'hui.

À mes yeux, l'activité scientifique dans son principe n'est rien de plus qu'un effort collectif pour décrire la nature et ses rouages avec la plus grande précision possible. Certaines de ces descriptions, très fortement nourries et corroborées, ont peu de chance de connaître ultérieurement de spectaculaires modifications. Le déchiffrement, en 1953, de la structure de l'ADN, cette molécule de la cellule qui transmet l'information génétique héréditaire d'une génération à l'autre et pilote le développement de chaque nouvel individu, en est un remarquable exemple : cette découverte a vraiment fait date, ouvrant un champ de recherche entièrement neuf, celui de la génétique moléculaire. On ne voit pas comment, dans un avenir prévisible, pourrait être remise en cause cette description fondamentale de la structure en double hélice de la molécule d'ADN, avec ses longs chapelets de quatre nucléotides qui se joignent par paires. Pourtant, cette découverte n'était qu'un début, un prologue ; restait à comprendre comment l'ADN accomplit ses deux fonctions. Bien qu'on en ait appris beaucoup sur la question depuis 1953, d'importantes zones d'incertitude subsistent. Par exemple, la majeure partie de l'ADN contenu par chaque cellule humaine est constituée d'une « camelote » dont on comprend mal le rôle (et qui n'en a peut-être aucun). Le gros de la besogne est accompli par les gènes, lesquels ne représentent qu'une petite fraction de l'ADN de chaque individu. Et des années de recherche intensive ne nous permettent pas encore de savoir avec certitude combien de gènes composent le génome humain (et cela bien qu'on ait pu récemment annoncer qu'une première description complète du génome avait été menée à bien). Selon les estimations les plus récentes, le nombre de gènes humains va de 30 000/35 000 à 120 000 (l'hypothèse basse étant la plus souvent retenue). Une seule certitude scientifique : la recherche d'un chiffrage plus précis va se poursuivre très longtemps encore.

Ce seul exemple illustre une autre caractéristique de l'activité scientifique : inévitablement, la solution d'un problème en ouvre de nouveaux, probablement aussi épineux, sinon davantage. Tout au long de l'histoire de la science, chaque ascension réussie d'un sommet a révélé de nouveaux pics, plus élevés, à conquérir. En d'autres termes, dans un monde d'une complexité qui défie l'imagination, toute solution d'un problème scientifique conduira immanquablement à l'identification d'une nouvelle énigme, voire de plusieurs autres. Ce qui montre bien que les hommes de science ne cherchent surtout *pas* à construire un tableau de la « vérité » : si c'était le cas, la pratique scientifique ressemblerait à la constitution d'un immense puzzle où chaque élément nouveau placé correctement contribuerait à former une image qui apparaîtrait progressivement mais serait essentiellement statique. Cela impliquerait que le tableau finirait par être achevé, et qu'aucun de ses éléments ne changerait d'un jour à l'autre. Or, même si une description totale et précise du monde (le tableau achevé) existe en principe quelque part, la science n'est pas équipée pour la mettre au jour. En fait, le processus d'acquisition de la connaissance scientifique s'apparente beaucoup plus à la déambulation dans un labyrinthe infiniment complexe, et l'histoire de la science est remplie de faux départs et de retours en arrière. Des idées et observations nouvelles sont proposées – y compris de nouvelles descriptions de la nature ou, plus exactement, de minuscules recoins du monde naturel – et, sitôt apparues dans l'arène scientifique, elles peuvent être mises à l'épreuve. Elles ne sont avancées que pour remédier à des déficiences identifiées dans les théories existantes, ou pour tenir compte de nouvelles données qui ne concorderaient pas avec ce que l'on tenait jusque-là pour vrai, et il arrive très souvent qu'elles soient déclarées fausses (d'emblée ou plus tard), soit totalement, soit sur certains points. Le bon côté de l'affaire, c'est que tout cela n'a aucune importance : en science, ce n'est pas un crime de se tromper – à moins de proclamer partout, indûment, que l'on détient la vérité. Ce qui compte, c'est que la science prise dans son ensemble est un mécanisme autocorrecteur où toutes les notions, anciennes et nouvelles, sont soumises à un examen permanent. En d'autres termes, l'édifice du savoir scientifique n'est qu'un corpus d'observations et d'idées qui, jusqu'ici, ont résisté aux attaques et sont donc acceptées comme hypothèses de travail pour la connaissance de la nature. Certains jugeront cette manière de procéder plutôt grossière. Pourtant, depuis 300 ans que l'activité scientifique au sens moderne existe, elle nous a fait parcourir un long chemin. J'en veux pour preuve notre capacité actuelle inégalée à manipuler le monde qui nous entoure. Qui peut nier que la science a vraiment révolutionné tous les aspects de notre vie, à un degré jamais atteint par aucune autre approche de la connaissance ?

Prouver la fausseté

Cependant, pour que ce système de savoir provisoire puisse fonctionner, il est indispensable de ne proposer que des hypothèses scientifiques dont il soit possible de démontrer la fausseté. Quand un discours non scientifique s'exprime sur le monde, le critère de plausibilité suffit, et il est parfaitement à sa place. Mais un discours scientifique doit pouvoir être réfuté s'il est faux ou s'il est lacunaire (et l'on suppose toujours implicitement qu'il l'est). En d'autres termes, pour qu'une idée soit pleinement acceptée comme scientifique, il faut que sa fausseté éventuelle ne relève pas d'une simple assertion. Les chercheurs (ou du moins la plupart d'entre eux, l'être humain étant ce qu'il est) ne sont pas là pour *prouver* quoi que ce soit, même si, dans certains milieux, on parle volontiers de « preuve scientifique » ; ils tentent simplement de formuler des analyses du réel capables de résister à une réfutation fondée sur ce qui est déjà connu ou cru. On sait que de nombreux secteurs de la science dépendent fortement des techniques de la description mathématique, et les mathématiciens cherchent souvent à « prouver » telle ou telle hypothèse. Mais il serait erroné de confondre quantification et objectivité. Les différentes branches des mathématiques sont essentiellement des systèmes de logique fondés sur des principes axiomatiques. Et si les scientifiques peuvent juger les techniques mathématiques très utiles dans leur travail d'analyse du réel, ils ne sauraient, eux, prendre pour point de départ des axiomes : il leur faut partir de ce qu'ils savent du monde, en gardant toujours à l'esprit l'idée que ce qu'ils pensent savoir est susceptible de changer.

Telle est la théorie, et elle s'applique plutôt bien aux sciences expérimentales, comme la physique. Le plus souvent, les chercheurs prennent pour point de départ soit une nouvelle hypothèse dont ils espèrent qu'elle rendra compte correctement du réel, soit des idées déjà établies dont ils pensent qu'elles commencent à montrer des signes de vieillissement, et qu'ils confrontent à de nouvelles données issues d'expérimentations et d'observations (souvent entreprises dans ce but précis). Toutefois, il existe une autre catégorie de savoir à laquelle la plupart des personnes sensées ne refuseraient pas le label de « scientifique » mais où la nature des phénomènes étudiés interdit de recourir à la méthode expérimentale : il s'agit des sciences portant sur des phénomènes inscrits dans la longue durée, dont la plus notable est la biologie évolutive. Nous sommes capables d'étudier le *fonctionnement* des molécules héréditaires contenues dans chaque cellule selon les méthodes conventionnelles des sciences expérimentales, mais nous ne sommes pas en mesure d'appréhender par l'expérience l'*histoire* de ces molécules (la façon dont elles sont devenues ce qu'elles sont, et comment leurs propriétés ont été distribuées dans la nature sous la forme que nous observons). En effet, l'histoire dont il est question se déroule sur une échelle temporelle immense, qui ne peut être répliquée en laboratoire. Mais, par chance, il existe un moyen de contourner l'obstacle, celui qu'utilisent les chercheurs en sciences expérimentales lorsqu'ils formulent des prédictions sur le résultat de leurs expériences et comparent ensuite les données de l'expérimentation à ce qu'ils ont prédit (à cette différence près que, pour les biologistes de l'évolution, les expérimentations ont déjà été faites, il y a très longtemps).

La prédiction qui est au cœur de la théorie de l'évolution assure que toutes les formes de vie ont une origine commune. Si tous les organismes vivants descendent d'un unique ancêtre, alors nous pouvons nous attendre à observer certaines ressemblances structurelles nichées chez les multiples descendants de cet ancêtre, et il devrait donc être possible de représenter l'ensemble du vivant sur un seul arbre généalogique foisonnant de ramifications. En fait, les choses sont un peu plus compliquées, du moins au début de l'histoire du vivant : toutes les formes de vie n'ont pas nécessairement une origine unique. Du reste, pourquoi en serait-il ainsi ? Si de simples molécules capables de se répliquer ont pu apparaître une fois, pourquoi le même processus ne se serait-il pas produit plusieurs fois, surtout en ces temps très lointains où la compétition était faible entre les différentes formes de vie – même s'il n'est pas impossible que, très tôt, au moins une nouvelle forme importante de vie soit née de la combinaison d'anciennes formes ? Ce qui compte, c'est de savoir que nous n'aurions pu nous engager sur cette piste si nous n'étions pas partis d'une hypothèse – celle selon laquelle tout le vivant a une origine commune – susceptible d'être mise à l'épreuve et affinée par référence à la structure du monde vivant qui nous entoure. Quoi qu'il en soit, une fois en place les grands groupes d'organismes vivants, nous décelons bien un très fort indicateur en ce sens quand nous comparons la distribution des caractéristiques parmi les formes présumées descendantes. Cette idée est comprise depuis des temps immémoriaux. Les classifications établies jadis par les peuples primitifs ou par le savoir populaire reflétaient déjà la connaissance du fait que le monde vivant est organisé en groupes inclus dans d'autres groupes, chacun pouvant être défini sur la base des caractéristiques que partagent ses membres ; et quiconque a une certaine familiarité avec le monde du vivant n'a aucune difficulté à distinguer un oiseau d'une chauve-souris ou d'un poisson volant. Ce que la science nous autorise à faire, c'est dépasser ces niveaux de généralité pour préciser les relations entre organismes, avec des résultats parfois très surprenants : qui, jusqu'à une date récente, aurait pu avancer que le dipneuste, qui ressemble beaucoup au saumon, était en fait apparenté de façon plus proche à la vache, avec laquelle il partage plusieurs caractères (narines internes, cœur à deux oreillettes séparées, etc.) ?

Au nombre des très rares philosophes des sciences pris au sérieux par les chercheurs eux-mêmes figure le regretté Karl Popper, devenu célèbre pour avoir affirmé que la possibilité d'identifier le faux était au cœur de la définition de la science. Le même Popper, cependant, surtout au début de sa carrière, avait une opinion très négative du caractère scientifique des recherches sur l'évolution, allant jusqu'à déclarer qu'il n'existait pas de « lois de l'évolution ». Il voulait dire par là qu'aucune de ces lois n'était scientifique car, pour mériter ce nom, une loi doit être à la fois invariable et valide partout. Ce en quoi il n'avait pas tort. De plus, il considérait qu'une proposition comme « toute la vie terrestre a évolué à partir d'un seul ancêtre » relevait de la probabilité et non d'une loi générale, point sur lequel, là encore, il avait très probablement raison. Pourtant, Popper allait ici à l'encontre de sa propre thèse : si tout savoir scientifique est provisoire, comme l'implique le critère (décisif) qu'est la possibilité de démontrer la fausseté d'une proposition, alors nous ne devrions chercher aucune « loi », si tentante que puisse être l'entreprise : l'expression « règles d'application commune » conviendrait probablement mieux à la plupart des généralisations avancées par les hommes de science. Plus tard, Popper a quelque peu adouci sa position et consenti à voir dans les travaux sur l'évolution un « programme de recherche métaphysique ». Bien que le terme soit assez peu flatteur (la métaphysique sonnant comme l'antithèse de la science) et que les ennemis de l'évolutionnisme s'en soient saisis avec avidité, en fait, sous la plume du philosophe, ce changement de terminologie relevait du compliment puisqu'il impliquait que le darwinisme proposait « un cadre possible pour des hypothèses scientifiques vérifiables ». Qui plus est, Popper a finalement accepté de considérer que la « survie du plus apte », thèse qu'il avait initialement attaquée comme tautologique, était en principe vérifiable, même si cela n'allait pas de soi dans la pratique (en fait, c'était probablement sa position initiale qui était la bonne). Quoi qu'il en soit, le déroulement d'un processus évolutionniste est la meilleure explication dont nous disposions (et la *seule* capable de prédire quelque chose) pour comprendre le vivant qui nous entoure. L'explication fournie par la thèse d'une création divine ne permet aucune prédiction : si tout le vivant a été créé par un être surnaturel, alors le monde n'est ce qu'il est que parce qu'il en a été décidé ainsi. Si c'est cela que d'aucuns veulent croire, il n'y a rien à leur objecter, mais ils ne doivent pas donner à cette proposition un habillage scientifique. Alors que l'idée d'évolution prédit les systèmes de relations que nous trouvons nichés au sein du monde vivant, l'idée d'une création divine ne prédit rien. C'est ce type de conception qui est proprement invérifiable. Mais n'est-ce pas précisément ce qui définit la foi ?

Bien entendu, la définition de la science comme discours dont il est possible de prouver la fausseté n'épuise pas le problème. Elle décrit la façon dont les idées devraient être traitées une fois qu'elles ont été communiquées à la communauté scientifique, et la manière dont elles devraient être présentées pour s'offrir à la vérification. Mais une autre question, évidente, se pose : d'où viennent les idées, bonnes ou mauvaises ? On sait que la créativité humaine n'obéit à aucune loi (comment pourrait-il en être autrement ?) et que la science relève de l'intuition tout autant que n'importe quelle autre activité humaine. Quand nous considérons l'origine d'idées scientifiques véritablement nouvelles, nous sommes confrontés au mystère des aptitudes cognitives de l'homme. « *Eurêka !* » est une exclamation commune en science (même si elle n'est peut-être pas aussi commune que nous, chercheurs, le souhaiterions !) mais, malheureusement, il n'existe aucune formule permettant de la produire à volonté.

La science comme entreprise collective

Jusqu'ici, j'ai surtout parlé de la science pratiquée par des individus ou par des équipes de chercheurs. Mais nous ne devons jamais oublier que la science est, avant tout, une immense entreprise collective à l'échelle de la planète. Alors qu'il est possible, au prix de quelque effort, d'imaginer un monde sans savants, et, plus facilement encore, qu'il pourrait en compter des millions, il est absolument impossible (sauf à envisager un scénario de catastrophe nucléaire) d'imaginer un monde où il n'y en aurait qu'un. Bien avant 1660, date de la fondation de la Royal Society de Londres pour permettre aux savants de se réunir régulièrement et de comparer leurs observations de la nature, la science était déjà conçue comme une entreprise collective. Isaac Newton n'est pas le premier à avoir dit, il y a trois siècles, que s'il voyait plus loin que les autres, c'est parce qu'il était assis sur les épaules de géants. La phrase exprime une vérité fondamentale du processus scientifique : toute science doit partir de ce que l'on sait, ou croit savoir, sur le monde à un moment donné. C'est la raison pour laquelle il est si difficile d'identifier le commencement de la science elle-même. Un point, en revanche, est parfaitement clair : ce qui est considéré comme savoir scientifique ne cesse de se modifier et de s'étendre, au point que la science a fini par se compartimenter en de très nombreux champs différents. La science est donc une immense masse de savoirs et de croyances accumulés au cours des siècles grâce aux efforts d'innombrables chercheurs (des centaines de milliers ?). Compte tenu de l'inertie inhérente à toute énorme masse, comment le changement se produit-il en science ?

La vision la plus complète et la plus convaincante de ce processus a été exposée, il y a quelque 40 ans, par Thomas Kuhn, le seul philosophe des sciences dont la gloire rivalise avec celle de Popper. Parce qu'il avait d'abord été physicien, Kuhn était très conscient du rôle que pouvait jouer la communauté scientifique en tant que telle pour stimuler la progression du savoir. Son livre, *La Structure des révolutions scientifiques*, montre que, dans chaque domaine de la science, à une période donnée, règne ce qu'il appelle un « paradigme », c'est-à-dire un cadre explicatif généralement accepté auquel s'incorpore toute nouvelle découverte. Ces paradigmes ne deviennent dominants que parce qu'ils attirent un grand nombre de chercheurs, qui s'éloignent ainsi d'autres cadres explicatifs ; ils ouvrent une nouvelle tradition de recherche scientifique parce qu'ils font apparaître de nouvelles questions à explorer. Avec le temps, cependant, les paradigmes tendent à s'ossifier en idées reçues alors même que de nouvelles observations du monde s'accumulent. La tendance, chez les hommes de science, est d'abord d'interpréter ces nouvelles observations à la lumière du paradigme régnant. Mais il arrive un moment où l'on recense tant d'anomalies contredisant l'idée reçue que le besoin d'un nouveau cadre explicatif devient patent : la science est alors prête pour un « changement de paradigme », le nouveau permettant d'expliquer de façon plus convaincante les observations les plus récentes. En d'autres termes, c'est l'accumulation des anomalies – lesquelles sont le plus souvent identifiées au cours de travaux de recherche dont le programme initial était d'affiner des idées déjà acceptées – qui contraint une discipline scientifique à changer de paradigme.

Ce changement s'opère rarement du jour en lendemain. J'ai eu la chance d'étudier la géologie (en troisième cycle universitaire) au moment où une thèse nouvelle était en train de naître, celle de la tectonique des plaques. Au début des années 1960, on croyait encore que l'écorce terrestre était essentiellement statique. Bien entendu, les géologues savaient qu'elle était animée d'innombrables mouvements depuis toujours, et la gigantesque explosion du Krakatoa en 1883 ou le tremblement de terre de San Francisco en 1906 étaient encore dans les mémoires. Mais ces phénomènes d'instabilité géologique étaient avant tout considérés comme des événements locaux, quand bien même il était évident qu'ils avaient pu avoir lieu, jadis, sur une immense échelle. Aussi les géologues leur cherchaient-ils des causes locales, ce qui demandait des trésors d'ingéniosité. Or, au début des années 1960, voilà qu'une nouvelle génération de géologues commençait à faire des observations reliant les zones de tremblement de terre, le volcanisme, la dérive des continents et du fond des océans, la création des montagnes et de très nombreux autres phénomènes géologiques à l'image d'une écorce terrestre en proie à des changements perpétuels. Force était de considérer que la géographie n'avait pas toujours été la même, comme on le soupçonnait déjà depuis le début du XXe siècle après avoir constaté que les contours des côtes, sur les deux ensembles continentaux de part et d'autre de l'Atlantique, semblaient complémentaires. En fait, les continents sont des blocs de roches relativement légères qui flottent sur des masses de roches en fusion plus lourdes. Les océans ont été formés par la séparation des blocs continentaux, et les énormes forces déclenchées par les collisions entre fragments à la dérive sont à l'origine des tremblements de terre et de la formation des montagnes (l'existence des volcans résultant de l'échappement de matériaux en fusion situés dans les profondeurs). Sans ce processus de renouvellement, permanent et parfois violent, les surfaces continentales se seraient depuis longtemps affaissées sous l'effet de l'érosion jusqu'à disparaître sous les océans, et il n'y aurait pas de vie terrestre. En résumé, il a suffi de quelques années pour que soit élaboré un nouveau cadre explicatif qui, pour la première fois, proposait un mécanisme complet reliant entre eux toutes sortes de phénomènes géologiques apparemment très divers.

On aurait pu s'attendre à ce que les géologues poussent des cris de joie en constatant que leur domaine de recherche s'unifiait ainsi autour d'un même principe d'intelligibilité. Pas du tout. Ces nouvelles idées ont rencontré une résistance considérable, non seulement au sein de la vieille garde mais aussi chez des chercheurs plus jeunes qui subissaient toujours son influence. Cela n'a bien sûr rien de surprenant, ni même de répréhensible : il faut du temps pour détecter le sens dans lequel souffle le vent, et quoi de plus difficile que de rejeter des principes explicatifs auxquels on a consacré toute sa carrière ? De surcroît, cette nouvelle thèse de la tectonique des plaques n'invalidait évidemment pas l'intégralité des nombreuses observations locales sur lesquelles les précédentes explications géologiques avaient été fondées. À cela s'ajoute l'inertie considérable propre au processus même de transmission du savoir. Non seulement des années s'écoulent avant que les nouvelles connaissances se retrouvent dans les manuels, mais il est étonnant de constater à quel point, dans la formation du jeune chercheur, les conditionnements intellectuels s'installent tôt : la première chose qui lui sera enseignée sur un sujet aura beaucoup plus d'influence que tout ce qu'il pourra entendre par la suite sur la même question. On voit combien est lourde la responsabilité du professeur, chargé de donner à ses étudiants un premier aperçu du champ scientifique dans lequel ils s'engagent : si son enseignement est efficace, ces derniers auront beaucoup de mal à remettre en cause la vision des choses qu'il leur aura inculquée, quand bien même de nouvelles découvertes scientifiques viendraient la contredire. Ajoutons à cela que le rôle du doute dans le processus scientifique n'est que trop rarement enseigné à ceux qui envisagent d'embrasser la carrière de chercheur, et l'on mesure à quel point les idées reçues peuvent se révéler oppressantes.

Pourtant, Kuhn était incontestablement dans le vrai : les paradigmes sont voués à changer tôt ou tard avec l'accumulation des connaissances. Quand s'empilent les observations révélant des anomalies qui ne cadrent pas avec les hypothèses en cours, on ne peut indéfiniment les ignorer : le moment vient, inévitablement, où l'ancien cadre explicatif, inadéquat, doit être abandonné, même s'il manifeste une résistance tenace. Ce processus est omniprésent dans l'histoire des sciences. Du reste, les changements de paradigme ne s'expliquent pas tous par de nouvelles observations : certains d'entre eux, d'ordre purement intellectuel, sont davantage des changements dans la façon de concevoir l'activité scientifique. Dans mon propre champ d'études, la paléoanthropologie, nous nous trouvons justement aujourd'hui au beau milieu d'un changement de paradigme qui relève de cette seconde catégorie.

Je m'explique. Quand je préparais mon doctorat, mon lieu de travail était une salle de réserve au sous-sol d'un muséum d'histoire naturelle, et je regardais avec envie des chercheurs venus d'ailleurs plongés pendant des heures dans l'étude de fossiles qu'ils extrayaient des armoires réparties dans toute la pièce, couvrant des pages de notes et de mesures. Tout semblait indiquer que ces initiés savaient exactement ce qu'ils faisaient, alors que personne ne s'était encore donné la peine de m'expliquer comment on étudie un fossile. Bien sûr, j'avais suivi d'innombrables cours de paléontologie des vertébrés, mais j'y avais seulement appris comment le professeur interprétait tel ou tel fossile, jamais la manière dont il était arrivé à ces conclusions. Pour finir, j'ai pris mon courage à deux mains et j'ai demandé à un paléoanthropologue des plus distingué quel était le secret de l'étude des fossiles. Voici sa réponse : « Il suffit de les regarder assez longtemps, et ils vous parlent. » Admettons. Je suis prêt à reconnaître qu'une longue fréquentation des fossiles révèle des choses qui n'apparaîtraient pas autrement. Pourtant, mon collègue Milford Wolpoff, lui, m'a assuré avoir « passé beaucoup de temps avec les fossiles sans qu'aucun ne [lui] dise jamais un mot ». Et je n'ai pas l'oreille plus fine que lui. Bien entendu, il n'est pas question de nier que cette approche sédentaire de l'étude des fossiles a permis aux paléontologues de parcourir un chemin considérable depuis le début du XIXe siècle : grâce à l'appréciation intuitive des ressemblances anatomiques et de leur distribution au sein des organismes, quelques esprits très brillants sont parvenus à une description remarquablement précise et détaillée de la diversité du vivant. Pourtant, même après avoir reçu cette réponse pour le moins expéditive, j'ai senti que l'étude des fossiles ne pouvait se réduire à cela.

Et j'avais bien raison. La chance a voulu qu'au début des années 1970 j'entre au Muséum national d'histoire naturelle (New York) au moment même où une révolution était en cours dans la systématique, c'est-à-dire dans l'analyse des relations d'apparentement entre les organismes : elle portait sur l'introduction de l'analyse « cladistique » (du grec *klados*, qui signifie « branche »). Traditionnellement, la rigueur théorique exigeait du paléontologue, pour déchiffrer des apparentements entre organismes dans le cadre de l'évolution, qu'il recherche un « schéma morphologique total » et non des caractères communs isolés. Le problème, c'est que personne n'était d'accord sur ce qu'était vraiment ce schéma, si bien qu'il était impossible de soumettre à une vérification scientifique les différentes conceptions existantes en matière de relations d'apparentement. L'analyse cladistique, au contraire, se concentre sur les caractères individuels et accorde beaucoup d'importance à la distinction entre caractères « primitifs » et caractères « dérivés » : alors que la possession commune de caractères primitifs (présents chez un ancêtre commun) indique une appartenance globale au groupe, seule celle de caractères dérivés atteste l'existence de relations d'apparentement au sein du groupe. Celles-ci sont représentées par un diagramme particulier, le cladogramme. Je vous épargnerai l'exposé détaillé de ce qui permet de distinguer les caractères dérivés des caractères primitifs et de la méthode utilisée pour construire un cladogramme. L'essentiel est de comprendre qu'avec l'avènement de la méthode cladistique la systématique a enfin acquis un fondement véritablement scientifique. « A et B possèdent des caractères dérivés qu'ils ne partagent pas avec C » (c'est la formulation du plus simple des cladogrammes) : voilà une déclaration parfaitement vérifiable, tout comme la conclusion qu'on en tire, à savoir que A et B sont plus étroitement liés que C à un ancêtre commun (comme le sont le dipneuste et la vache en raison de certains caractères dérivés qu'ils partagent, mentionnés plus haut). Si l'on s'aventure au-delà et avance des propositions plus complexes (et, reconnaissons-le, plus intéressantes), par exemple des hypothèses sur l'ascendance et la filiation, le tableau s'obscurcit : de telles notions ne peuvent être corroborées avec certitude et nous sommes renvoyés à des probabilités (de surcroît non quantifiables), même si nous savons désormais pourquoi. Certains esprits étroits pourraient en conclure que la science doit s'arrêter là et que dépasser le domaine du parfaitement vérifiable revient à franchir les frontières du savoir scientifiquement fondé. Mais qu'est-ce qui justifierait que les chercheurs s'interdisent d'enquêter sur les points les plus obscurs et les plus difficiles (aussi les plus intéressants) ? Ils ont au contraire toutes les raisons de s'y plonger !

Science et paléoanthropologie

Le lecteur pensera sûrement que les paléoanthropologues se sont réjouis de l'avènement de l'analyse cladistique : ils tenaient enfin une méthode permettant des comparaisons directes entre thèses concurrentes sur les relations d'apparentement dans le cadre de l'évolution. Pourtant, ce n'est pas vraiment ainsi que les choses se sont passées. Sans doute, après quelques années, la méthode a-t-elle été acceptée par certains du bout des lèvres (et par quelques autres, peu nombreux, avec enthousiasme), si bien qu'il n'est pas rare, aujourd'hui, de trouver des cladogrammes dans les articles de paléoanthropologie. Mais on ne peut s'empêcher de penser que les formes et la terminologie de l'analyse cladistique ont été plus chaleureusement accueillies que sa philosophie implicite de la structure du vivant. Et certains de mes collègues persistent à rejeter la méthode, ou à la comprendre volontairement de travers. Il est abondamment prouvé qu'un changement de paradigme est en cours dans les méthodes de reconstruction de la phylogenèse humaine, mais il faudra attendre encore longtemps pour que l'analyse cladistique devienne véritablement l'approche régnante. Comme je l'ai déjà laissé entendre, il n'y a là rien que de très normal, et ce n'est pas nécessairement une mauvaise chose. La science vit de diversité, et plus les idées nouvelles sont nombreuses et disponibles pour une mise à l'épreuve, mieux elle se porte.

C'est précisément ce qui se passe à Olduvai, sur le sol brûlant de la gorge : certaines des silhouettes que l'on voit s'y agiter sont des paléontologues en quête d'ossements humains et animaux, d'autres sont des archéologues à la recherche de traces d'une activité humaine primitive (c'est à Olduvai que l'on a découvert pour la première fois des outils de pierre incontestablement très anciens), d'autres encore sont des géologues affinant leurs idées en fonction de ce que les roches mises à nu par l'érosion peuvent nous dire du passé. On y trouve même peut-être des taphonomistes, ces chercheurs qui tentent d'élucider ce qu'il advient des animaux morts afin de mieux comprendre comment les ossements anciens nous sont parvenus – il est très important de le savoir car tout ce que nous observons ne peut être pris pour argent comptant. Ainsi a-t-on cru naguère qu'un cercle de pierres vieux de 1,8 million d'années repéré sur le sol de la gorge était le vestige d'un brise-vent délibérément édifié, ce qui en aurait fait la plus ancienne construction connue, antérieure de plus de 1 million d'années à toute autre découverte comparable. À y regarder de plus près (c'est-à-dire en mettant cette hypothèse à l'épreuve), on s'est aperçu que la disposition en cercle était bien plus probablement le résultat d'une dispersion des pierres provoquée par la croissance des racines d'un arbre proche. Rétrospectivement, on constate que cette nouvelle interprétation aura donné le coup d'envoi d'une bataille dont l'objectif était de réviser l'ensemble de nos conceptions sur les premiers hominidés. Jusque-là, on les considérait volontiers comme des humains rudimentaires, et, d'une certaine manière, cette vision des choses autorisait les chercheurs à utiliser *Homo sapiens* et nos propres comportements comme « modèles » pour la compréhension de nos ancêtres lointains. Aujourd'hui, en revanche, tout le monde reconnaît que cette vision de nos prédécesseurs comme des joueurs de seconde division est profondément trompeuse si l'on veut comprendre ce qu'ils étaient réellement. Voilà donc un autre exemple, à très petite échelle, de changement de paradigme qui explique la simplicité de la réponse à la question que nous posions au début de ce texte : qu'ont donc en commun tous ces gens qui s'activent au fond de la gorge d'Olduvai ? Quels que soient leurs centres d'intérêt et leurs techniques, tous cherchent à étendre, à affiner et, surtout, à mettre à l'épreuve ce que nous *pensons* savoir de ce lointain passé, exercice qui, dans ce champ de la connaissance comme dans bien d'autres, existera aussi longtemps qu'il y aura des chercheurs.

Malheureusement, ce n'est pas la seule chose qui se perpétuera dans l'activité scientifique. Thomas Kuhn a eu des détracteurs, mais il avait incontestablement raison de voir dans la science une entreprise collective, autonome par rapport à tous les autres secteurs de l'activité humaine ; ajoutons à cela le fait que les chercheurs sont des êtres humains, et l'on obtient la recette idéale pour des guerres intestines. Même en blouse blanche, les scientifiques ne sont pas des automates dépourvus d'affects : ils ont des sentiments aussi forts que les autres, et bien qu'ils s'efforcent d'atteindre à l'objectivité, ils éprouvent les mêmes difficultés que nous tous à mettre leurs sentiments de côté dans leurs relations de travail. En d'autres termes, les hommes de science sont aussi entêtés dans leurs opinions et aussi prompts à la querelle que tout le monde. Les disputes entre chercheurs sont fréquentes : les idées, si abstraites qu'elles soient – ou les fossiles pour les paléoanthropologues – sont tenues pour des possessions intensément personnelles (« Attaquer mes idées, c'est m'attaquer, moi ! » ; « C'est *vous* qui allez me dire comment interpréter un fossile que j'ai découvert, *moi* ? »). Après tout, quel que soit leur métier, les gens trouvent toujours des sujets de désaccord. Mais si la discorde surgit aussi facilement dans le monde des chercheurs, c'est parce qu'il constitue un système institutionnalisé, puisque la recherche scientifique, pour être correctement conduite, exige des institutions. Ce fait a deux conséquences, l'une écologique, l'autre politique (au sens large des deux termes). D'un côté, dans un monde où les ressources (financières) sont limitées, il est inévitable que les institutions rivalisent entre elles ; de l'autre, il est tout aussi inévitable que la compétition pour l'accès aux ressources règne à l'intérieur même des institutions. Ainsi va le monde, et quand nous traiterons du processus de l'évolution, nous verrons que l'ensemble du vivant obéit à une loi identique. Ce qui rend les choses différentes chez les humains, c'est que nous sommes des individus très complexes (lire « peu commodes »). Et quand on connaît les penchants de l'homme, il n'est pas surprenant de constater que la profession de chercheur ne se distingue pas des autres dès lors qu'il s'agit de manifester de la rancune, de la jalousie, un désir de vengeance (mais aussi, ne l'oublions pas, un esprit de coopération et de la générosité). N'importe quel scientifique pourra vous rebattre les oreilles avec des histoires de comportement « non professionnel » imputé à des collègues. Par une sorte de retournement ironique, cependant, c'est le caractère institutionnalisé de la recherche qui vient ici à notre secours. Les individus peuvent contribuer de façon considérable et déterminante au progrès du savoir en termes d'idées nouvelles ou d'innovations. Mais le seul moyen de prouver la qualité du gâteau reste de le manger, si bien qu'au bout du compte c'est le besoin d'emporter l'adhésion de leurs collègues qui motive les hommes de science. L'idée de communauté est véritablement au cœur de l'entreprise scientifique, même si certains chercheurs ont du mal à s'en accommoder !

Chapitre 2

Pourquoi l'évolution est-elle si mal comprise ?

Évolution. Voilà un mot dont certains, en Amérique, veulent nous faire croire qu'il devrait révulser d'horreur tout bon citoyen préoccupé par la préservation de notre mode de vie, ce trésor à chérir entre tous. Pourquoi ce rejet ? Après tout, la notion d'évolution, tout à fait simple, n'est pas de celles qui, d'emblée, s'opposent à notre système de valeurs. Mais il y a dans notre pays des gens qui sont convaincus que l'évolution (l'idée que toutes les formes du vivant sont issues d'un ancêtre commun) menace les bases mêmes de la moralité et de la cohésion sociale. Charles Darwin, chrétien sincère et politiquement conservateur, aurait été épouvanté par ce discours. Alors, comment l'expliquer ? Comme je l'ai déjà laissé entendre, le problème semble relever d'une mauvaise compréhension de ce qu'est véritablement la science. Pour les adversaires de l'évolution, la science serait un système autoritaire de croyances produisant des axiomes invulnérables au temps. Et l'on sait que tous les systèmes autoritaires qui défendent une conception immuable du monde se retrouvent inévitablement en désaccord avec d'autres du même type, et tout particulièrement avec ceux fondés sur une révélation divine, comme tant de guerres de religion l'ont démontré. C'est ce qui explique l'opposition déclarée à l'évolutionnisme de la part de certains croyants (une minorité). Pourtant, dès lors que l'on comprend que la science est un système de connaissances provisoires, le point de vue doit changer du tout au tout. La science ne cherche pas à identifier la causalité ultime mais simplement à améliorer notre compréhension de la nature. Les scientifiques (dont beaucoup sont eux-mêmes des croyants) sont plutôt ravis, dans l'ensemble, de laisser toutes les questions vraiment épineuses sur le sens de la vie aux théologiens, aux philosophes ou même aux croyances individuelles : ils ont déjà beaucoup à faire dans le domaine de la science au sens strict, et tout spécialement dans l'entreprise semée d'embûches qui consiste à comprendre, dans le détail, la façon dont fonctionne le processus de l'évolution.

Chacun est le produit de l'évolution et a donc une sorte d'intérêt personnel à savoir comment ses prédécesseurs ont émergé de la « soupe primitive ». Mais les gens ont sur le sujet des idées très diverses, et une bonne dose de mythologie entoure toute l'affaire. Pourtant, répétons-le, l'idée de base de l'évolution n'est pas compliquée : selon la définition donnée par Charles Darwin en 1859, il s'agit simplement de « descendance avec modifications ». Il vaut la peine de préciser que, en dépit de toutes les belles histoires sur la société victorienne scandalisée et les épouses d'évêques anglicans évanouies d'horreur, le livre de Darwin, *De l'origine des espèces par voie de sélection naturelle*, est devenu presque aussitôt un best-seller, et que le grand public a très vite admis l'idée que nous descendons non seulement des singes mais aussi des lézards et des homards. La structure des ressemblances au sein de la multitude des espèces vivantes était (et reste) d'une éloquence muette si puissante que, bien avant la fin du XIXe siècle, l'idée d'évolution était aussi communément acceptée qu'elle l'est aujourd'hui (c'est-à-dire largement, pour ne pas dire universellement). Mais il suffit que l'on s'aventure plus avant pour que tout s'obscurcisse, car les conceptions de ce que recouvre cette notion d'ancêtre commun varient considérablement.

La sélection naturelle

C'est dans ce qu'ils appelaient « sélection naturelle » que Darwin et son jeune collègue, Alfred Russel Wallace, ont voulu voir le principe moteur du changement évolutif. L'idée en est merveilleusement simple et semble même, à première vue, aller de soi (au point que Thomas Henry Huxley, ami et défenseur de Darwin, se serait écrié en l'entendant formuler : « Quel crétin je suis de ne pas y avoir pensé ! »). Elle repose sur l'observation suivante : dans les populations, les individus ont des caractéristiques physiques très variées, et plusieurs de ces variantes, le plus souvent héritées de leurs parents, se retrouveront chez leurs enfants. Certaines d'entre elles, transmissibles par l'hérédité, seront plus susceptibles que d'autres de favoriser le succès reproductif de l'individu, si bien que ces attributs favorables deviendront inévitablement plus communs dans la population, ce succès se répétant à chaque génération. Tout au long du processus, l'apparence de la population concernée changera peu à peu et, avec le passage du temps (sur des millions d'années), les effets cumulés de ces modifications progressives d'une génération à l'autre déboucheront non plus sur de petits changements physiques, mais sur la naissance de nouvelles espèces, de nouveaux genres, de nouvelles familles, etc. Selon cette conception, temps et changement sont pratiquement synonymes : plus la durée écoulée est longue, plus les changements sont nombreux.

Entre sélection naturelle et changement de la population, le rôle d'intermédiaire est joué par l'« adaptation », autre idée simple : la sélection naturelle favorise les individus qui disposent des caractéristiques les plus favorables à la reproduction, donc à la promotion du vivant au sein d'un environnement donné (que ce dernier soit stable ou changeant). On a pu objecter que la notion d'adaptation a quelque chose de tautologique : ces individus qui vivent et se reproduisent avec le plus de succès sont par définition les mieux adaptés. Et il y a du vrai dans cette objection. Toutefois, il faut bien comprendre que la plupart des traits d'une population persisteront aussi longtemps qu'ils ne constitueront pas une gêne, ce qui, selon moi, rend la notion d'adaptation assez difficile à manier. Quoi qu'il en soit, l'adaptation a clairement un rôle actif dans l'évolution, comme le montre, par exemple, la fréquence de la « convergence », qui fait que des espèces apparentées de façon très lointaine développent des caractéristiques physiques étonnamment similaires, ou encore le phénomène connu sous le nom de « mimétisme », quand, par exemple, pour se protéger de l'un de leurs prédateurs, des espèces exhibent les traits distinctifs d'autres espèces que ce prédateur ne consomme pas.

Néanmoins, au lendemain des découvertes de Darwin et Wallace, tout le monde n'était pas d'accord pour imputer à la sélection naturelle les changements observés dans l'évolution. À l'aube du XXe siècle, en particulier, la génétique (ou science de l'hérédité) était en train de naître. Cette époque était très excitante dans bien des secteurs de la biologie – un de ces moments où la fermentation intellectuelle engendre d'innombrables idées neuves et ouvre des voies inexplorées. Il était alors assez naturel que les tout nouveaux généticiens proposent d'autres explications que la sélection naturelle. Un concept notamment avait les faveurs de beaucoup en tant que principe moteur de l'évolution : le taux auquel de nouvelles variantes génétiques sont produites dans les populations. Il en allait de même pour la « saltation », théorie du changement majeur spontané (ou saut) mise au point par les généticiens après avoir plusieurs fois observé l'apparition soudaine, dans une population, d'individus très distincts de leurs géniteurs. Certains biologistes pensaient même que l'évolution était l'expression d'un mouvement inné vers un but fixé, ou que c'étaient les modifications de l'environnement qui induisaient les innovations transmises par l'hérédité. Mais quelle que soit la perspective adoptée par un chercheur, il faisait rarement figurer la sélection naturelle parmi les facteurs majeurs. Il fallut attendre les années 1920, 1930 et la naissance de la théorie synthétique pour que la sélection naturelle retrouve son statut dans l'analyse du processus de l'évolution.

La théorie synthétique de l'évolution

Cette synthèse fut le résultat des efforts de nombreux hommes de science pour réconcilier la théorie évolutionniste avec le nouveau savoir qui s'accumulait en génétique, notamment celui que produisaient les généticiens utilisant des méthodes mathématiques, tant en Angleterre qu'aux États-Unis. Les textes qui eurent la plus grande influence furent une série d'ouvrages publiés entre 1937 et 1944 par le généticien Theodosius Dobzhansky, de l'université Columbia (New York), et par deux conservateurs du Muséum national d'histoire naturelle, l'ornithologue Ernst Mayr et le paléontologue George Gaylord Simpson. À eux trois, ces scientifiques couvraient les champs de la biologie les plus importants pour la théorie de l'évolution (à l'époque, la mode n'était pas encore, comme elle l'est aujourd'hui, de donner un vernis évolutionniste à toutes les recherches en biologie). Chacun avait son propre angle d'attaque – Dobzhansky s'intéressait surtout aux gènes, Mayr aux espèces et Simpson à l'origine des principaux groupes – et étudiait donc un éventail assez spécifique de phénomènes naturels. Mais, au bout du compte, tous trois reconnaissaient que presque toutes les dimensions importantes du changement évolutif pouvaient se réduire, d'une manière ou d'une autre, à la modification, génération par génération, de la fréquence des gènes dans les populations par l'effet de la sélection naturelle. Leur modèle, on le voit, était celui de la continuité, même si ces trois brillants naturalistes savaient pertinemment que la nature est criblée de *dis*continuités ; ils résolvaient la contradiction en voyant dans ces dernières des cas spécifiques de changement graduel, si bien qu'avec le temps les difficultés qui avaient tant préoccupé ces pères fondateurs disparurent peu à peu du champ de l'enquête, la théorie synthétique se transformant en dogme. Notons d'ailleurs que c'est sous sa forme la plus pure et la plus rigide que la théorie synthétique a été acceptée, assez tard, par les paléoanthropologues.

L'un des effets les plus positifs, et précieux, de la théorie synthétique était qu'elle balayait d'innombrables mythes scientifiques. La période qui précéda l'apparition de cette nouvelle approche a été décrite par Ernst Mayr comme « chaotique » : on comptait presque autant de théories de l'évolution qu'il y avait de chercheurs dans ce champ de la biologie. Avec l'avènement de la théorie synthétique, nombre de spéculations sauvages ont été évacuées de la scène scientifique pour être remplacées par un ensemble d'idées cohérentes et simples. Ce modèle élégamment simplifié de l'évolution finira d'ailleurs par constituer un socle solide pour la résolution des difficultés qui avaient été un temps laissées de côté parce qu'elles embarrassaient. Pourtant, en insistant sur la continuité, la théorie synthétique encourageait l'adoption d'une vision linéaire de l'évolution. C'était notamment le cas en paléoanthropologie, où la conception dominante d'avant-guerre, celle d'un arbre généalogique humain véritablement « buissonnant » dans lequel presque chaque nouveau fossile découvert occupait son propre rameau terminal, a été remplacée par l'idée qu'une seule lignée de base aurait insensiblement mené des premiers bipèdes à petit cerveau jusqu'à *Homo sapiens* et son gros cerveau en passant par *Homo erectus* avec son cerveau moyen.

L'espèce, regroupement de base des organismes, est l'unité fondamentale de la théorie synthétique. Et bien que l'identification des espèces pose d'innombrables problèmes pratiques, on s'accorde à reconnaître que la meilleure définition du terme est celle-ci : l'espèce est le groupe le plus large que l'on puisse trouver à l'intérieur duquel tous les membres sont capables de se reproduire entre eux. Ainsi, en principe, il s'agit d'une unité clairement circonscrite. Néanmoins, selon les préceptes de la théorie synthétique, même si les espèces sont facilement identifiables dans le biotope, elles ne doivent pas être considérées comme des entités « réelles ». Si distinctes qu'elles puissent être dans l'espace, elles sont vouées à perdre leur individualité dans le temps. En effet, pour la théorie synthétique, elles ne sont rien d'autre que des segments de lignée qui se transforment en permanence sous l'effet de la sélection naturelle ; elles doivent donc, à terme, se fondre insensiblement les unes dans les autres, sans rupture brutale. Dans les années 1950 et 1960, on entendait parfois tel paléontologue se réjouir de ce que les archives paléontologiques fussent incomplètes et qu'une géologie capricieuse nous ait gratifiés de points de rupture arbitraires, sans lesquels il aurait été impossible d'identifier les frontières entre les espèces !

Bien entendu, si la thèse de la transformation continue était juste, elle apparaîtrait clairement dans la structure des archives paléontologiques. Mais force est de constater que les fossiles n'ont jamais répondu à cette attente, et Darwin lui-même savait parfaitement que les archives disponibles regorgeaient de discontinuités : face à cette situation embarrassante, il avait cherché à évacuer le problème en affirmant que les « formes intermédiaires » attendues n'avaient pas encore été découvertes. À l'époque, le nombre de fossiles répertoriés étant bien moindre que de nos jours, la thèse pouvait passer. Mais cent ans et quelques millions de fossiles plus tard, le tableau d'ensemble a changé du tout au tout. Plus nous connaissons de fossiles, plus l'idée se précise que les espèces sont des unités réelles, distinctes les unes des autres, et qu'elles ont bel et bien une naissance, une histoire et une mort. Dans les archives paléontologiques, elles tendent à apparaître soudainement, à se perpétuer pendant des périodes d'une durée variable, mais souvent remarquablement longue, avant de disparaître aussi rapidement qu'elles étaient apparues. Souvent, elles sont remplacées par des espèces cousines, parfois par d'autres qui ne leur sont pas apparentées. Ou bien encore elles ne sont pas « remplacées » du tout, au sens où des équivalents écologiques proches prendraient leur place. En revanche, il est très rare de découvrir une preuve incontestable du passage progressif d'une espèce à une autre.

La théorie des équilibres ponctués

En tout état de cause, l'élégance de la théorie synthétique était si séduisante que ce point ne préoccupait guère. En bons « kuhniens », les paléontologues n'étaient que trop contents de continuer à empiler les fossiles dans cette sorte de structure linéaire prédite par la théorie synthétique, et il fallut attendre les années 1970 pour qu'une autre vision des choses soit soumise à leur attention : l'idée des « équilibres ponctués », dont la gloire commença avec un article rédigé en 1972 par Niles Eldredge, du Muséum national d'histoire naturelle, et son collègue Stephen Jay Gould, paléontologue spécialiste des invertébrés. Tout en retenant nombre des principes sur lesquels était fondée la théorie synthétique (dont la notion d'équilibre ponctué, il faut bien le comprendre, se veut un prolongement et non un substitut), Eldredge et Gould soulignaient que c'était la stase – l'absence de changement, donc l'équilibre – qui dominait dans les archives paléontologiques. Qui plus est, ils se refusaient à considérer, comme le faisait Darwin, que cela ne correspondait qu'à une lacune dans nos connaissances : après tout, ces fameux « trous » dans les fossiles répertoriés nous disaient peut-être quelque chose. Et leur message n'était pas celui de la continuité. Au lieu de voir l'évolution, dans la plupart des cas, comme un processus graduel, ils pensaient qu'elle était faite d'innovations sporadiques (les « ponctuations »), ce qui expliquait l'apparition soudaine de nouvelles espèces dans nos archives fossiles.

Bien entendu, cette nouvelle formulation du processus de l'évolution suscitait des attentes entièrement neuves quant à ce qu'il serait possible d'observer dans les prochains spécimens de fossiles découverts. Comme tout ce qui vient contredire les savoirs régnants, la notion d'équilibre ponctué ne pouvait, au début, que recevoir un accueil agité (surtout en dehors de la paléontologie), bien qu'elle soit aujourd'hui largement acceptée. Sans compter qu'elle mettait l'accent sur l'importance de la spéciation (le processus par lequel de nouvelles espèces apparaissent) dans la théorie évolutionniste. Jusque-là, la spéciation avait souvent été expliquée comme un cas particulier de changement graduel ; désormais, il était indispensable de chercher à la comprendre comme un phénomène autonome. Par une sorte d'ironie de l'histoire des sciences, les travaux les plus importants sur la spéciation chez les animaux avaient été produits, avant les années 1950, par Ernst Mayr, l'un des grands architectes de la théorie synthétique. Il s'était fait le champion de la notion de spéciation « allopatrique ». L'idée est la suivante : pour que de nouvelles espèces se forment, il faut que des segments d'une espèce préexistante se trouvent soudain isolés géographiquement des autres par la faute d'un accident écologique tel que la formation d'une mer, d'une montagne, le changement de cours d'un fleuve, etc. Dès lors, les innovations génétiques s'accumulent de façon indépendante chez la population souche et la population fille jusqu'à, finalement, les différences s'accentuant, supprimer toute possibilité d'interfécondation. Qui plus est, comme les populations étendues sont génétiquement plus stables que les petites, il est probable que les différences déterminantes apparaîtront dans les isolats géographiques plutôt que dans la population souche, plus nombreuse.

La spéciation

À la différence du changement graduel, en faveur duquel nous n'avons finalement que la parole de Darwin, nous *savons* que la spéciation doit se produire car, sans elle, le vivant n'aurait jamais connu la diversification que nous constatons, et qui est un trait majeur des archives paléontologiques. Pourtant, à bien des égards, la spéciation reste la « boîte noire » de la biologie, c'est-à-dire un phénomène d'une importance déterminante mais encore mal compris. Une chose est claire, néanmoins : ce que nous considérons comme une spéciation est davantage un résultat qu'un mécanisme autonome. La spéciation implique l'apparition de barrières empêchant la reproduction (les mécanismes d'isolement géographique) là où il n'en existait pas auparavant, et ce fait peut avoir bien des causes différentes. Par exemple, les mécanismes d'isolement géographique peuvent jouer au niveau du gène individuel, à celui du chromosome dans lequel les gènes s'organisent ou à celui du comportement. Certains de ces mécanismes peuvent avoir un effet « antérieur à l'accouplement », c'est-à-dire interférant avec la capacité ou le désir des individus de s'accoupler, d'autres un effet « postérieur à l'accouplement », rendant la formation d'un nouvel individu impossible ou handicapant le bon développement de la progéniture (à qui sa déficience interdira d'être à son tour reproductrice). Mais, quelles que soient les causes sous-jacentes, l'important est que le résultat soit le même : l'apparition d'une seconde espèce là où il n'y en avait qu'une.

Il est également capital de bien comprendre ceci : les mécanismes qui rendent compte de la spéciation ne sont pas nécessairement les mêmes que ceux qui sous-tendent les changements morphologiques à l'intérieur des espèces, et c'est un point sur lequel il vaut la peine de s'attarder quelque peu. Traditionnellement, la spéciation est considérée comme une sorte de conséquence passive de l'évolution, comme s'il suffisait d'accumuler les changements pour que de nouvelles espèces se forment. Mais à observer autour de soi l'extraordinaire variété du vivant, on comprend que cela ne saurait être le cas. Certaines espèces réussissent à se diversifier considérablement sans passer par la spéciation, l'exemple le plus spectaculaire étant celui du chien domestique. Il existe une large variété de chiens, tant par la morphologie que par la taille, et pourtant ils sont tous capables de s'interféconder. Quand ce n'est pas possible directement (imaginez un chihuahua et un dogue allemand !), le croisement peut néanmoins s'obtenir par le biais d'une éprouvette. Bien que les flux potentiels de gènes chez les chiens soient ininterrompus, tous demeurent membres de la même espèce, *Canis familiaris*. Ici, on m'objectera que cette énorme variété est la conséquence de croisements artificiels opérés par l'homme sur son « meilleur ami ». C'est incontestable. Et pourtant, le fait que cette spectaculaire diversification au sein de l'espèce soit le résultat de l'intervention humaine ne change rien aux mécanismes génétiques fondamentaux qui l'ont permise. En créant de nouvelles races de chiens, les hommes ont simplement poussé ces mécanismes jusqu'à leurs limites. Il est donc évident qu'une grande variété anatomique peut, au moins potentiellement, se rencontrer dans un seul groupe d'interfécondation ; et, avec ou sans l'aide de l'homme, la majorité des espèces animales géographiquement dispersées a développé des variétés locales distinctes. Cette tendance des populations à se diversifier est même très probablement le moteur premier de l'innovation anatomique dans l'évolution des animaux. Notons aussi que, en dépit des innombrables expériences de croisement réalisées par les généticiens sur des centaines de générations d'organismes capables de se reproduire très vite, comme la drosophile (mouche du vinaigre), aucune expérimentation n'a réussi à produire une nouvelle espèce, même si beaucoup ont donné des mouches plutôt bizarres ! Il est vrai également, toutefois, que certaines espèces étroitement apparentées peuvent s'avérer incapables de s'interféconder tout en étant physiquement impossibles à distinguer. Ainsi trouve-t-on en Amazonie plusieurs espèces de saïmiris (singes écureuils) que l'on ne saurait distinguer morphologiquement et qui affichent pourtant des différences chromosomiques leur interdisant de s'interféconder. Mais la plupart des espèces qui sont étroitement apparentées se situent quelque part entre ces deux extrêmes.

L'absence de lien entre spéciation et changement morphologique a d'importantes implications pour la compréhension du processus de l'évolution : elle signifie que deux événements séparés, ou au moins deux mécanismes, sont nécessaires à la « fixation » des innovations. Il faut d'abord que les variétés morphologiques apparaissent, et nous savons avec certitude que cela se produit d'une façon routinière par changement génétique spontané, essentiellement par introduction d'« erreurs de copie » quand chaque ADN individuel est répliqué pour être incorporé dans les cellules reproductrices. Ce sont ces erreurs qui produisent les « mutations » dont l'histoire est désormais complètement inventoriée par les généticiens ; nombre d'entre elles n'engendrent que des différences minimes, mais certaines peuvent avoir de grandes conséquences sur le développement de l'individu. Dans les petites populations, qui reçoivent peu d'apport génétique en provenance de l'extérieur, les mutations favorables ont de grandes chances d'être incorporées à la norme locale. Mais ces variantes ont souvent une existence éphémère, car elles sont toujours susceptibles d'être réabsorbées dans la population d'origine si les barrières séparant population souche et population fille se brisent. Et c'est là que la spéciation entre en scène : quand elle intervient à un stade où ces deux populations ne peuvent plus s'interféconder, alors le destin de toutes les nouveautés évolutives est inextricablement lié à celui de la nouvelle espèce, quels que puissent être les changements extérieurs. Et la nouvelle espèce elle-même assume une existence historique indépendante, confrontée à la compétition avec d'autres types d'organismes également distincts, combat qu'elle risque de perdre. On peut même dire que la concurrence entre les espèces apporte une contribution aussi importante au processus de l'évolution que la compétition entre les individus en leur sein : la question est seulement celle du niveau (population, espèce) où l'action se déroule.

Populations locales

Des facteurs de cette ampleur accroissent la complexité du processus de l'évolution, mais sans amoindrir le rôle de la sélection naturelle et de l'adaptation. Les populations largement répandues de tout organisme tendent à se diversifier en variantes locales sous leur double effet, et c'est à ce niveau qu'elles sont vraiment maîtresses du jeu. On peut même dire que ce sont les petites populations localisées, liées à un environnement particulier auquel il est possible de s'adapter, qui constituent le « moteur » de l'innovation évolutive. En général, l'espèce dans sa totalité ne peut remplir cette fonction car elle est éparpillée dans plusieurs types d'environnement, et l'on sait que l'adaptation, par définition, ne joue qu'en présence d'un environnement particulier. Parfois, l'innovation en question est peu de chose, mais il arrive qu'elle soit majeure, ce qui nous ramène (brièvement, je le promets) à la question des « formes intermédiaires » apparemment manquantes dans les archives paléontologiques dont nous disposons. En effet, il est démontré que nombre d'innovations importantes sont apparues très soudainement dans les fossiles répertoriés sans avoir été annoncées par des développements antérieurs. C'est notamment le cas pour l'apparition de la forme moderne du corps humain. Les premiers hominidés bipèdes, aux proportions « archaïques » (jambes courtes et bras longs, notamment), ont vécu en Afrique pendant des millions d'années avant qu'apparaissent les hominidés à corps moderne. Au cours de cette très longue période, la structure archaïque du corps semble être restée essentiellement la même alors que de nouvelles espèces allaient et venaient ; et quand la forme moderne est apparue, l'événement a été soudain, sans aucun signe avant-coureur. Cette modernité avait beau impliquer des modifications dans l'ensemble de l'architecture du corps et un accroissement notable de la taille, elle semble s'être imposée par un saut unique au lieu d'avoir été le résultat d'une amélioration progressive sur plusieurs millénaires.

Dans son livre *Sudden Origins*, mon collègue Jeffrey Schwartz rejoint Eldredge et Gould pour rejeter l'explication des chaînons intermédiaires que nous n'aurions pas retrouvés. Il a récemment imaginé un mécanisme d'une simplicité séduisante qui aurait rendu possibles ces changements soudains. Il met ainsi en avant le rôle d'une classe de gènes identifiée depuis peu, les homéoboîtes, qui régulent les grands axes du développement. Ces gènes sont présents chez presque tous les animaux, et des changements minimes dans le calendrier de leur intervention au cours du développement d'un nouvel individu peuvent entraîner des différences aussi importantes que celles qui existent entre deux êtres aussi dissemblables que la mouche du vinaigre et l'homme. Par exemple, ce dernier possède une seule lentille oculaire dont la déformation lui permet d'accommoder alors que la drosophile est équipée de multiples lentilles indéformables. Pourtant, les gènes qui régulent le développement de l'œil sont fondamentalement identiques chez l'un et chez l'autre, et la différence concerne seulement la manière dont ils sont activés et désactivés au cours du développement. Schwartz suggère que de nouvelles formes de ces gènes régulateurs naissent selon les mêmes mécanismes que les autres gènes, et qu'ils ont donc plus de chances d'apparaître à l'état récessif (c'est-à-dire non dominant), avec les conséquences que cela comporte. Chaque nouvel individu reçoit deux copies (allèles) de chaque gène, une de chacun des parents. Ces allèles peuvent être dominants ou récessifs. Un allèle dominant peut jouer son rôle d'architecte du développement de l'individu même s'il est présent en un seul exemplaire, un allèle récessif a besoin de deux copies pour être en état d'intervenir. Ainsi les allèles récessifs nouvellement apparus demeureront-ils « silencieux » dans la population jusqu'à ce qu'ils soient suffisamment nombreux dans le vivier des gènes pour que les deux parents puissent le transmettre avec une forte probabilité. Dès lors, les formes anatomiques spécifiques qu'ils ordonnent d'élaborer (absolument neuves dans le cas des homéoboîtes) apparaîtront brusquement dans cette population sans aucun signe avant-coureur, étant entendu qu'une fois en place la sélection naturelle peut jouer sur elles, positivement ou négativement.

L'adaptation

Reparler de sélection naturelle ne peut manquer de nous conduire à évoquer de nouveau l'adaptation, tant les deux concepts sont étroitement liés. Comme je l'ai déjà indiqué, l'idée d'adaptation peut parfois frôler la tautologie : presque tous les traits non éliminés d'une population (et ce sera le cas d'un grand nombre d'entre eux, dont les effets auront été identifiés comme décidément neutres du point de vue de l'évolution) pourront être considérés comme des adaptations. Des écoles entières de chercheurs se sont consacrées à l'exégèse de telle ou telle adaptation (par exemple l'arcade sourcilière, le menton). Et c'est bien là le problème. Le legs le plus durable de la théorie synthétique aura été l'idée de transformation, non pas tant la transformation d'une espèce en une autre que la transformation, avec le temps, de caractères individuels. Les individus sont des entités d'une complexité ahurissante, et chacun contient un nombre considérable d'attributs que nous pouvons décider de voir comme autant d'adaptations. Or c'est une tendance répandue chez les biologistes de l'évolution que de suivre les caractères (adaptations) indépendamment, comme s'ils pouvaient être convenablement compris sans référence aux organismes dans lesquels ils s'inscrivent. Autant, par exemple, il est judicieux d'étudier la locomotion, autant il paraît clair que nous ne comprendrons jamais comment nous sommes devenus des créatures bipèdes si nous ne prenons pas en compte le nombre et la nature des espèces apparentées qui nous ont précédés.

Pourtant, cette prise en compte est souvent absente. Considérons l'étude de l'évolution du cerveau humain, qui réunit tout un cénacle de paléontologues spécialisés. Au Muséum national d'histoire naturelle, où j'officie, nous organisons régulièrement des séries de conférences très relevées sur le sujet, et j'y ai moi-même participé il y a quelques années. Au moment de préparer mon exposé, j'ai décidé de suivre pas à pas ce que nous savions avec certitude sur l'itinéraire évolutif du cerveau humain. Et je me suis retrouvé dans une impasse. Oui, si nous considérons qu'il y a plus de 2 millions d'années le volume du cerveau était très réduit chez les hominidés (analogue à ce qu'il est chez les grands singes), alors qu'aujourd'hui il a été multiplié par trois par rapport à la taille du corps, force est de conclure que l'accroissement du cerveau est un fait majeur de l'évolution de l'homme. Mais dès que l'on cherche à reconstituer l'histoire de cet accroissement, les ennuis surgissent. Pour commencer, nous ne savons pas dans quelle mesure les fossiles répertoriés pour cette période (plus de 2 millions d'années) sont représentatifs des espèces présentes à l'époque. Nous ignorons tout autant quelle était la gamme des volumes du cerveau dans chaque espèce connue de nous, et nous ne connaissons pas non plus la datation exacte de ces espèces dans la durée. Certains fossiles individuels sont très bien datés par rapport à d'autres, mais dans aucun de ces cas nous ne pouvons fixer avec certitude les dates d'apparition et d'extinction de l'espèce en question. Aucune grande base de données n'existe qui permettrait de comprendre ce qui s'est passé au cours de la période riche en événements séparant *Australopithecus* d'*Homo sapiens*, mais nous nous entêtons à faire comme si nous en disposions d'une. Il est certain que la taille moyenne du crâne des hominidés a augmenté ces 2 derniers millions d'années, pour un résultat final spectaculaire, mais le processus, qui est précisément ce que nous voudrions comprendre, nous échappe.

Dans le cas du cerveau, au moins, nous disposons d'un socle empirique minimal, mais bien des analyses portant sur des « adaptations » n'en ont pas même l'équivalent, comme le lecteur s'en apercevra en découvrant, au chapitre 7, l'arrogance de cette pseudoscience qu'est la « psychologie évolutive ». Pour le moment, contentons-nous de souligner que chaque individu possède un nombre immense de caractéristiques, dont certaines sont génétiquement liées entre elles, d'autres non. Or, avec la sélection naturelle, les choses sont simples : soit les individus, à leur mort, laissent derrière eux une progéniture supérieure à la moyenne, soit ce n'est pas le cas. N'importe quel élément peut déterminer la réussite ultérieure de cette progéniture, mais ce sera plus vraisemblablement sa viabilité globale – car vous aurez beau être brillant, cela ne vous sera d'aucune utilité si vous êtes trop lent pour échapper aux prédateurs ; votre couleur propice au camouflage vous aidera à vous protéger de vos ennemis, mais elle sera peut-être handicapante pour trouver une femelle ; la longueur des os de votre tarse sera un atout dans une région d'arbres de petite taille, mais une gêne en terrain broussailleux. On voit que la sélection naturelle ne peut « voter » que pour la réussite de l'individu tout entier (dans son aptitude à vivre et à se reproduire) et non pour celle de certains traits spécifiques. Elle n'est pas en mesure de faire le tri entre diverses composantes dont certaines seraient favorisées, d'autres éliminées ; nous ne sommes pas ici dans un système d'élection à la proportionnelle, mais dans un suffrage à un tour où le siège va à celui qui gagne. Ce qui nous conduit à rompre avec l'idée répandue selon laquelle le processus de l'évolution consiste essentiellement en un réglage progressif, vers plus de finesse, de certaines caractéristiques individuelles. Les individus n'ont le choix qu'entre réussir ou échouer (se reproduire avec succès ou non). Qui plus est, de même que les traits anatomiques ou cognitifs sont inscrits dans les individus, les individus sont inscrits dans la population à laquelle ils appartiennent, et la population dans l'espèce dont ils font partie. Le destin final des innovations dépend de ce qui se passe à chacun de ces trois niveaux. Nous ne serons jamais en mesure de comprendre le déroulement de l'évolution si nous ne saisissons pas l'importance de cette hiérarchie, ou si nous ne la prenons pas en compte dans l'étude des archives paléontologiques dont nous disposons.

Le point essentiel, donc, c'est que les créatures vivantes ne sont pas des trésors d'ingénierie dont chaque composante pourrait être périodiquement révisée, voire remplacée ; il s'agit d'organismes complexes (génétiquement, anatomiquement et écologiquement) menant des existences compliquées. De surcroît, ils sont tout aussi dépendants des caprices du hasard que des vertus de l'adaptation. Après tout, si votre environnement subit un changement radical (ce qui est le lot commun de tous les environnements), vos adaptations tant vantées peuvent se révéler totalement inutiles. Ce qui soulève inévitablement la question de l'« exaptation », que je vais maintenant aborder.

Les innovations *ne répondent jamais à un objectif précis* : elles surgissent spontanément et sont la conséquence de processus génétiques routiniers. Si elles ne posent pas de problème à l'organisme, elles se contentent d'attendre que la sélection joue son jeu, que ce soit à leur avantage ou non, ou sans effet sur elles. Très souvent, des nouveautés apparaissent qui n'ont aucune conséquence sur la viabilité de l'organisme, ou encore remplissent une fonction très différente de leur fonction initiale. L'exemple classique est celui des plumes chez les oiseaux : de par leurs caractéristiques spécifiques, elles semblent avoir eu très longtemps pour fonction de maintenir la chaleur du corps, avant d'être enrôlées comme « auxiliaires de vol ». De même, les mécanismes de la gorge et du palais permettant la parole semblent avoir été en place chez les hominidés plusieurs centaines de milliers d'années avant d'être mobilisés pour produire des sons articulés. Ainsi, ce qui peut sembler être une « adaptation » à un certain moment de la carrière d'une espèce peut avoir été, à l'origine, une adaptation à quelque chose d'autre, ou à pas grand-chose. Il semble que ces phénomènes d'« exaptation » (sur lesquels je reviendrai au chapitre 6) aient joué un rôle important dans l'évolution de nombreuses espèces : il ne faut jamais sous-estimer le jeu du hasard dans l'évolution !

La diversité

Ce bref exposé sur l'évolution ne prétend nullement à l'exhaustivité, ni même à s'en approcher. L'évolution est un processus complexe, aux multiples dimensions, qui fonctionne à bien des niveaux, dont la plupart ne sont pas encore pleinement compris. J'espère néanmoins en avoir dit suffisamment pour montrer que le message le plus fort que puissent nous transmettre les fossiles répertoriés à ce jour est celui de la diversité. Mis au défi de définir l'évolution en une seule formule, la plupart des gens répondraient sans doute quelque chose comme : « changement des êtres vivants dans la durée ». Et il est vrai, nous l'avons vu, que le temps est une dimension capitale dans ce processus. Mais la part de l'histoire d'une espèce qui relève de la stase (immobilité, équilibre) est bien plus importante que celle attribuée à l'incorporation d'innovations majeures ; ce qui est capital, ici, c'est la *nature* de ces changements et le contexte de leur apparition. Pour les inventeurs de la théorie synthétique, le changement était lent, graduel et pratiquement inéluctable, mais depuis que la théorie a été complétée par l'analyse de la spéciation et la mise en avant des équilibres ponctués, notre vision des choses a totalement changé : nous savons que la fixation des nouveautés introduites par l'évolution dépend de la production de nouvelles espèces, et cette conception exige souvent d'abandonner des idées préconçues.

L'entreprise est difficile, surtout pour les biologistes de l'évolution, dont les anciennes générations ont été formées quasi militairement à la théorie synthétique dès le début de leur carrière. En outre, l'idée d'un changement majestueusement progressif et linéaire est en elle-même d'un grand réconfort, notamment parce qu'elle fait de l'apparition d'*Homo sapiens* sur la terre un événement en quelque sorte inéluctable, ce qui nous simplifie grandement la tâche quand il s'agit d'imaginer comment nous nous situons dans le tableau d'ensemble du vivant. Néanmoins, cette impression de confort disparaît dès que nous entrons dans les détails, lesquels nous montrent au contraire que notre espèce n'est qu'un rameau terminal – le rameau survivant – d'un énorme buisson. Ce genre de scénario est un peu plus malaisé à affronter que la conception traditionnelle. Ainsi ai-je récemment reçu un e-mail d'un collègue chinois qui me demandait, avec une certaine anxiété, s'il était vrai que j'avais identifié dix-sept espèces parmi les fossiles d'hominidés disponibles à ce jour. J'ai dû refaire le compte moi-même pour valider ce chiffre (qui a encore augmenté depuis !). Et pourtant, cette multiplicité des espèces d'hominidés au cours des

5 derniers millions d'années nous permet seulement de confirmer la place de notre famille dans le cadre que nous avons déjà identifié pour tout le reste des organismes vivants. Dès le début, l'histoire de la vie a été celle d'une expérimentation continue, d'une production de nouvelles espèces, d'un tri entre elles par la compétition, qu'elles soient ou non proches parentes. De ce point de vue, aussi extraordinaire que soit le phénomène connu sous le nom d'*Homo sapiens*, nous n'y avons abouti que par des moyens parfaitement ordinaires.

Avec le temps, nous parviendrons à mieux comprendre la complexité des itinéraires évolutifs des organismes individuels (le nôtre inclus), et celle du processus de l'évolution lui-même. Mais ces itinéraires spécifiques et ce processus général ont été si riches en événements, et se sont déroulés sur une durée si extraordinairement longue, qu'il est tout à fait improbable que nous puissions dresser un jour le tableau complet et précis de notre histoire biologique. Cela n'est pas si grave : bien que certains chercheurs rêvent d'édifier de grandes théories unificatrices, il n'est pas dans la nature de la science d'expliquer absolument tout. De plus, les découvertes scientifiques ne menacent personne (sauf si *Homo sapiens* se révèle incapable de contrôler ce que la science rend possible). Un point est essentiel à comprendre, en revanche : notre espèce – pas plus que Dieu, sur cette question – n'est en rien diminuée par l'idée que nous ne sommes apparus qu'au terme d'un processus d'évolution. Les connaissances considérables que nous avons déjà acquises rehaussent encore la justesse des dernières lignes de *L'Origine des espèces*, de Darwin, écrites il y a 150 ans, dans lesquelles il célébrait la « véritable grandeur » de cette manière d'envisager la vie : « ... tandis que notre planète, obéissant à la loi fixe de la gravitation, continue de tourner sur son orbite, une quantité infinie de belles et admirables formes, issues d'un commencement si simple, n'ont cessé de se développer et se développent encore ! »

Chapitre 3

Le singe dans le miroir

La planète compte (pour le moment) 6 milliards d'êtres humains, et quand bien même certains d'entre nous ont des comportements bizarres ou des visions du monde insolites, nous n'éprouvons en général aucune difficulté majeure à interpréter les motivations d'autrui ou à leur trouver une explication qui nous satisfasse. Mais qu'en est-il quand il s'agit des autres espèces, surtout celles qui nous sont proches ? Ici, il faut bien avouer que nous sommes totalement déroutés, absolument incapables d'imaginer des formes de conscience différentes de la nôtre. Nous savons que nous partageons la plus grande partie de notre itinéraire évolutif avec les lémuriens, les grands singes et les singes [1], et que, de ce fait, nous avons en commun avec eux une bonne part ou la totalité de notre structure cérébrale. Bien plus, quand nous surprenons le regard malheureux d'un orang-outan dans un zoo, nous éprouvons un sentiment instinctif de parenté avec lui, et nous *savons* qu'il est habité par une sensation, une pensée,

1. Les grands singes comprennent les chimpanzés, les bonobos, les gorilles, les orangs-outans et l'homme, tous habitués à se suspendre et dépourvus de queue. Les singes désignent les singes à queue tels que les macaques, les babouins, les entelles, les colobes, les cercocèbes, etc., tous quadrupèdes (*NdE*).

une intuition que nous pourrions partager si seulement nous comprenions de quoi il s'agit. Mais, précisément, ce qui se passe dans la tête, ou le cœur, du singe reste hors de notre portée. La question n'est pas seulement celle du langage, ni celle de l'incapacité du grand singe à s'exprimer par des mots. Il est évident que la façon dont notre plus proche parent dans le règne animal traite l'information en provenance du monde extérieur diffère de la nôtre. Mais quelle est l'ampleur de cette différence, et quel est son impact sur la conscience subjective de ces animaux cousins ? Cette double question demeure l'une des grandes énigmes de la biologie, et de la philosophie.

Je ne veux pas dire par là, bien entendu, que les animaux non humains manquent d'« intelligence » ou ne possèdent pas une forme de « conscience ». Quiconque a vécu avec un chien, voire avec un perroquet, ou a passé du temps à observer n'importe quel animal en liberté, sait parfaitement que, loin d'être des automates, ils sont bel et bien des individus avec leurs propres perceptions du monde et façons d'y réagir. Ils sont capables d'anticiper un événement, d'éprouver du plaisir, de la peur et de manifester d'innombrables autres comportements qui nous sont tout aussi familiers. Le fait que de nombreux organismes aient, à l'évidence, tant de choses en commun avec l'être humain a conduit certains chercheurs à conclure qu'il est plus important de comprendre ce qui nous unit plutôt que ce qui nous sépare. Pour d'autres, à l'inverse, c'est le caractère unique de l'être humain qu'il est indispensable de définir. En réalité, les deux démarches se rejoignent puisque nous ne pourrons jamais comprendre à quel point nous sommes uniques si nous n'identifions pas au préalable tout ce que nous partageons avec les animaux qui nous sont le plus proches. Comme je l'ai déjà laissé entendre, l'entreprise est extrêmement difficile. Cependant, il est au moins possible de prendre en considération certains aspects du comportement des singes et d'autres mammifères et de mesurer leur degré de ressemblance avec nous. Quant à en déduire quelque chose en termes de conscience subjective et de perception du monde chez ces animaux cousins, c'est évidemment une tout autre paire de manches.

Intention et tromperie

Déterminer ce qui fait la conscience est un exercice ardu car elle est multidimensionnelle, et qui peut dire, face à la diversité de ses aspects, ce qui est cause et ce qui est effet ? Comme il faut bien prendre un point de départ, choisissons la question de l'acte intentionnel. Tout le monde conviendra qu'un aspect majeur de la conscience est la capacité à former des intentions, et personne ne contestera que les êtres humains consacrent un temps considérable à cette activité, quand bien même ces intentions peuvent se révéler, au bout du compte, bien vaines. Qu'en est-il des autres mammifères ? Comment, par exemple, nier le fait que, lorsque votre chien court vers vous avec sa balle, la laisse tomber à vos pieds et vous regarde d'un œil implorant, il le fait avec l'intention (ou tout au moins l'espoir) que vous la lancerez de nouveau pour qu'il aille la rechercher ? Sans doute quelques sceptiques endurcis objecteront-ils, non sans quelque raison, que nous devrions chercher l'explication de comportements apparemment aussi complexes au niveau le plus simple possible, et on les entendra grogner quelque chose comme « réflexe conditionné ». Mais pourquoi, dans le cas qui nous occupe, ne pourrions-nous pas conclure que humains et non-humains ont peut-être des motivations identiques ? Après tout, les uns et les autres ont la même structure cérébrale de base, et quelle que soit l'expérience quotidienne du mammifère non humain, il la vit essentiellement à travers les mêmes phénomènes électrochimiques que ceux qui assurent notre fonctionnement mental.

À vrai dire, un philosophe pourrait contester cette dernière affirmation et soutenir que fonctions mentales et événements cérébraux ne sont pas strictement comparables, car les premières sont entièrement subjectives alors que les seconds sont objectifs. Mais il s'agit là d'un argument philosophique et non pas biologique : à mesure que nos connaissances s'accroissent sur la façon dont le cerveau humain accomplit des tâches bien définies, le lien entre les deux catégories gagne régulièrement en clarté (mais aussi, reconnaissons-le, en complexité). Je ne veux pas dire que la nature subjective de la conscience et de ses composantes pose moins problème aux hommes de science qu'aux philosophes. Les premiers sont beaucoup plus à leur aise quand ils étudient des phénomènes facilement isolables et mesurables, ce qui n'est pas le cas de ces notions fuyantes de conscience humaine et non humaine. Et il va de soi que, si la conscience était plus aisément accessible à l'analyse scientifique, nous en saurions beaucoup plus long qu'aujourd'hui – où nous savons vraiment peu de chose. Néanmoins, pour en revenir à la proposition initiale, il me semble que c'est vraiment couper les cheveux en quatre que de refuser aux mammifères non humains une certaine capacité à former des intentions, et même à les renouveler avec insistance – comme le fera sans nul doute votre chien si vous feignez d'ignorer la balle qu'il laisse tomber à vos pieds.

Plus haut dans l'échelle des aptitudes cognitives, nous trouvons la tromperie, laquelle, prise dans son sens strict, implique non seulement une intention (celle de tromper), mais aussi la compréhension de ce qui se passe dans l'esprit de l'autre comme dans le sien propre. Pour réussir une tromperie à la manière des hommes, il faut être en mesure de deviner les processus mentaux de la victime afin d'agir en conséquence. Les primatologues ont beaucoup étudié les comportements de tromperie chez les primates, aussi bien en captivité qu'en liberté, et ils n'ont guère eu de mal à en trouver des manifestations. Sans doute pourra-t-on toujours objecter que certaines formes de tromperie pratiquées par des non-humains relèvent davantage d'une opportunité saisie dans des circonstances données que d'une intention délibérée de tromper. Ce sera par exemple le cas du bébé chimpanzé qui, se trouvant près d'un autre membre du groupe dont il convoite la nourriture, pousse des cris comme s'il était victime d'une agression afin que sa mère, alertée, vienne chasser l'intrus et lui donner accès à la nourriture. Certes, la mère est l'objet d'une tromperie, mais l'attitude de son petit n'est-elle qu'un « truc » dont il aurait vérifié l'efficacité quand il a faim (auquel cas il n'aurait nullement l'intention de tromper en tant que telle) ou bien un stratagème soigneusement élaboré ? Les deux hypothèses sont soutenables. Toutefois, on connaît d'autres exemples de comportement chez les primates où la question de l'intentionnalité se pose de façon moins ambiguë.

Le cas le plus parlant, où l'on rencontre à la fois bluff et contre-bluff, est une étude menée sur des chimpanzés captifs regroupés dans un vaste enclos. Une femelle du groupe, Belle, est régulièrement informée par l'éthologue de l'endroit où la nourriture est cachée. Au début de l'expérience, elle fait passer l'information aux autres. Mais, très vite, un jeune mâle, Rock, se met à monopoliser la nourriture dès que son emplacement est révélé, ce qui pousse Belle à ne plus rien faire savoir au groupe tant que Rock est dans les parages. Elle s'assied même sur la cachette. Rock, le plus fort des deux, réagit en la bousculant et en s'emparant de la nourriture, ce qui la conduit, la fois suivante, à s'asseoir ailleurs et à attendre que Rock soit hors de vue pour aller à la cachette. Rock monte alors la barre d'un cran dans la ruse : il s'éloigne ou regarde ailleurs jusqu'à ce que Belle se rende à la cachette, puis il se jette sur la nourriture. Belle trouve une riposte : elle conduit tout le groupe dans une mauvaise direction, et se précipite brusquement vers la cachette tandis que Rock farfouille en vain là où il n'y a rien. Mais ce dernier ne tarde pas à faire échouer cette nouvelle ruse. Belle a un autre tour dans son sac : lorsqu'un seul morceau de nourriture est caché dans un endroit et la plus grosse partie dans un autre, Belle conduit le groupe au premier emplacement et file discrètement vers le second pendant que Rock engloutit l'unique morceau. Mais, là encore, ce dernier n'est pas long à comprendre, et il se met à dédaigner le morceau isolé. À ce stade, Belle n'a plus d'options et en est réduite à feindre de violents accès de colère.

Bien des comportements de cette joute entre Belle et Rock peuvent être expliqués par les apprentissages conditionnés. Mais en voyant Rock feindre une absence d'intérêt pour embobiner Belle, nous avons le droit de conclure qu'il a compris la logique de ses actions et anticipe la manœuvre suivante. Autrement dit, il a commencé à former, dans son propre cerveau, une image de ce qui se passe dans celui de Belle. Diverses autres études ont confirmé l'observation fréquente de cette capacité chez les grands singes, mais aucune – et c'est très significatif – n'en a mis au jour une semblable chez les singes.

Le singe et le miroir

Corrélée à la précédente question de savoir si les individus peuvent lire les pensées des autres, mais distincte d'elle, la question du « moi » est encore plus ardue à approcher expérimentalement. Les êtres humains n'ont aucune difficulté à concevoir le moi. Et l'on peut même avancer que notre unique savoir authentique est celui qui porte sur nous-mêmes, puisque toutes nos perceptions du monde extérieur passent par le filtre d'un appareil cognitif très élaboré et hautement subjectif. J'ai déjà eu l'occasion de dire que les mammifères non humains sont loin d'être des automates, mais s'ensuit-il nécessairement qu'ils ont une idée de leur moi qui ressemblerait à la nôtre ? La réponse est presque certainement négative. Pourtant, il faut admettre que la question de savoir à quel degré les primates non humains peuvent avoir, ou non, une image d'eux-mêmes compte parmi les plus diaboliquement épineuses à résoudre. Nous sommes contraints, pour l'essentiel, de procéder par approximation. Bien que l'on sache de façon certaine que la conscience de soi est distincte de la reconnaissance de soi, l'étude des processus cognitifs n'a jusqu'ici été capable, dans ce domaine, que d'utiliser la technique assez rudimentaire du miroir pour déterminer si les individus sont à même de reconnaître leur propre image.

On notera d'abord que les êtres humains qui ne sont pas familiers du miroir éprouvent eux-mêmes une certaine confusion lorsqu'ils sont mis en sa présence pour la première fois. Il n'est donc pas surprenant que les grands singes aient aussi besoin d'un peu de temps. Cependant, une fois qu'ils ont pris l'habitude de l'objet, la plupart d'entre eux se montrent effectivement capables de se reconnaître dans le reflet. La démonstration la plus spectaculaire de cette aptitude est fournie par l'expérience qui consiste à endormir des chimpanzés et des orangs-outans et à profiter de leur état d'inconscience pour appliquer des taches de peinture sur leur visage. Une fois réveillés, la plupart des sujets se mettent à déambuler nonchalamment, jusqu'au moment où ils s'aperçoivent dans un miroir : leur réaction immédiate est alors de s'aider du reflet pour effacer la peinture de leur visage, ce qui prouve qu'ils se sont reconnus. Très vite, on les voit faire des grimaces et explorer leur personne en utilisant cette opportunité qui leur était jusque-là inconnue. Il est à noter que plusieurs gorilles soumis à la même expérience n'ont pas semblé se reconnaître, à l'exception de la célèbre Koko, la star du langage des signes.

Cette capacité à s'identifier dans le miroir suffit-elle à démontrer la maîtrise d'un *concept* de soi-même ? Le problème est des plus ardu, mais la plupart des spécialistes de l'activité cognitive, à mon avis, seraient d'accord pour dire que, faute d'un tel concept, les individus n'auraient aucun moyen d'interpréter l'image reflétée et seraient donc incapables de se reconnaître eux-mêmes. Néanmoins, où cela nous mène-t-il ? Dire que le fait de reconnaître sa propre image n'est qu'une partie (peut-être même une conséquence minime) de ce que nous entendons par « concept de soi-même » semble tout aussi vraisemblable. Nous voilà donc ramenés au problème fondamental de la définition de la conscience humaine, et de notre incapacité à imaginer des formes de conscience subjective différentes de la nôtre.

Pourtant, le fait que la plupart des grands singes reconnaissent leur image dans le miroir a son importance à un certain niveau, surtout quand on sait que les singes n'en sont pas capables. Ces derniers sont des créatures astucieuses qui savent exploiter les propriétés du miroir à des fins pratiques. De nombreuses preuves indiquent en effet que les singes de l'Ancien Monde ont un sens aigu de la géométrie visuelle (certains des cas les plus frappants de tromperie visuelle de la part de singes prouvent qu'ils sont en état de comprendre que différentes choses, ou différents individus, sont visibles sous différents angles). Avec de telles compétences, il n'est pas surprenant que les singes en captivité utilisent spontanément les miroirs fournis par les chercheurs pour observer ce qui se passe de l'autre côté d'un coin de mur et repérer les individus qui s'y cachent. Cependant, aussi à l'aise qu'ils soient avec les propriétés du miroir, on a pu démontrer qu'ils sont incapables d'identifier leur propre reflet dans une glace : confrontés à cette image, ils réagissent comme s'ils étaient en présence d'un étranger. Un singe dont on peint une partie de son corps qui lui est visible après l'avoir endormi tentera, à son réveil, de se débarrasser de cette peinture ; mais si la marque colorée a été appliquée sur son visage, il ne fera rien pour l'ôter, même si on lui donne un grand miroir.

Que faire de tous ces constats ? Pour commencer, il est évident qu'il existe une différence qualitative entre la perception de soi chez les singes, les grands singes et les humains. Mais supposer que ces trois types de perception obéissent à une séquence chronologique serait évidemment hasardeux. Chacun de ces primates représente le point final d'une longue évolution indépendante : considérer les singes comme des grands singes de deuxième division, et les grands singes comme des humains de rang inférieur serait une profonde erreur. Tout au plus pouvons-nous dire – si nous avons le courage de dire quoi que ce soit – que nous sommes en présence d'une gamme de fonctions : l'identification de soi est plus aiguisée chez les êtres humains que chez les grands singes, et ces deux espèces éclipsent les singes dans ce domaine. Il y a de fortes chances pour qu'il en soit de même dans le cas de l'intentionnalité (s'agissant de la tromperie, c'est même certain), et cette distinction est incontestable dès que l'on aborde la complexité de la vie sociale et divers autres comportements. Finalement, peut-être suis-je simplement en train de dire que les humains sont plus intelligents que les grands singes, lesquels, à leur tour, sont plus doués que les singes : cette affirmation a l'avantage de ne susciter l'opposition de personne (et de combien d'affirmations peut-on en dire autant !), mais elle ne nous conduit pas très loin. L'intelligence est un attribut complexe et multidimensionnel. Dire d'un individu qu'il est intelligent (ou l'affirmer d'un grand singe, dans le cas qui nous occupe) ne nous enseigne rien de spécifique à son sujet : cela nous apporte bien moins d'informations que le fait d'apprendre qu'un tel sait programmer un ordinateur, que tel autre est un bon réparateur de téléviseurs ou qu'un troisième a une excellente mémoire. Alors, qu'entendons-nous par intelligence ? L'affaire vaut la peine d'être étudiée de plus près.

Cerveau, intelligence, conscience

Il y a 2 millions d'années, nos précurseurs avaient un petit cerveau, à la fois en taille absolue et par rapport à celle de leur corps. Aujourd'hui, nos cerveaux sont trois fois plus gros. Il serait donc tout à fait naturel d'en conclure que, dans la période intermédiaire, les hominidés sont devenus plus intelligents. De fait, au sens le plus général du terme, cette proposition doit être vraie. Sans aucun doute, notre intelligence, en dernière analyse, provient de notre cerveau ; et il est également établi que ce dernier est un organe extrêmement coûteux, qui compte pour une part disproportionnée dans la consommation d'énergie du corps. On ne développe pas un gros cerveau pour le seul plaisir, car le coût en serait tout simplement trop élevé ; si ce coût en vaut la peine, ce ne peut être qu'en raison des avantages qui en résultent en termes d'amélioration des comportements. Mais nous en savons vraiment très peu sur la séquence d'événements qui marquent l'accroissement du cerveau au fil des temps, et nous comprenons encore moins leurs effets. Notre tendance naturelle est d'imaginer que le cerveau a connu une expansion linéaire, et, assez logiquement, nous en concluons que chaque petit morceau de cerveau supplémentaire équivaut à un petit peu d'intelligence en plus. Et si une certaine quantité d'intelligence est un avantage, en avoir un peu plus n'est-il pas encore préférable ? Oui et non. Toutes choses égales par ailleurs, il vaut probablement mieux être plus intelligent que plus stupide. Mais le cerveau est une structure d'une complexité stupéfiante, et l'ajout ou la reconnexion d'un peu plus de matière neurale ici ou là peut avoir toutes sortes de conséquences. Si intuitivement, d'un point de vue anthropocentrique, il est difficile de ne pas conclure que, d'une manière ou d'une autre, l'accroissement de la taille du cerveau est intrinsèquement une bonne chose, le fait que ce phénomène soit extrêmement rare dans la nature devrait nous inciter à y réfléchir à deux fois. Qui plus est, de telles idées font bon marché des réalités complexes du processus de l'évolution, et l'on finit par s'apercevoir que l'hypothèse d'un accroissement progressif de la taille du cerveau, sur des millions d'années, est plutôt incertaine.

Pour commencer, l'hypothèse implique qu'à chaque gramme supplémentaire de matière cérébrale corresponde un gramme supplémentaire d'intelligence, ce qui n'est évidemment pas le cas. Bien que la taille du cerveau ait son importance à un certain niveau, presque tout le monde s'accorde pour dire que le facteur déterminant est celui de son *organisation*. Le gros problème est que nous ne disposons pas de cerveaux fossilisés, mais seulement d'*empreintes* de la surface interne de crânes fossiles obtenues par moulage. Celles-ci nous donnent seulement une idée de la forme extérieure du cerveau. Or les paléoneurologues, qui étudient ces empreintes, divergent quant à ce que nous dit cette forme des capacités fonctionnelles du cerveau. Nous voilà donc ramenés au seul indicateur de la taille de cet organe. Et, sur ce point, nous ne sommes guère aidés par le fait que le cerveau humain actuel est d'une taille aussi variable que n'importe quel autre organe, son volume allant de 1 000 à 2 000 cm^3. Que faire d'une telle donnée quand on sait que personne n'est encore parvenu à démontrer la moindre corrélation, chez l'homme, entre la taille du cerveau et le niveau général de réussite ?

Les lacunes de nos archives paléontologiques engendrent des difficultés supplémentaires. Par exemple, nous disposons de peu de bonnes empreintes de cerveaux fossiles, et souvent nous ne savons pas encore à quelle espèce les attribuer. Même quand nous pensons pouvoir procéder à cette attribution, nous ignorons le plus souvent l'âge des spécimens en question. Et même quand nous avons une idée assez correcte de cet âge, nous ne disposons le plus souvent d'aucune donnée sur la longévité de l'espèce à laquelle ces spécimens appartenaient. Tel spécimen date-t-il des débuts de la présence de l'espèce sur la terre, du milieu, de la fin ? Quelle était la gamme des variations du volume du cerveau à l'intérieur de l'espèce ? Telle empreinte doit-elle être rangée parmi les volumes les plus gros, les plus petits, ou dans la moyenne ? Face à toutes ces incertitudes, vous comprendrez mes réticences à avancer quelque idée que ce soit sur la structure du processus d'accroissement du cerveau au cours des deux ou trois millions d'années passés. Je me limiterai à reconnaître qu'au début de cette période le cerveau des hominidés était en moyenne petit et qu'aujourd'hui il est gros. À coup sûr, cela *doit* signifier quelque chose d'important, mais quoi exactement ? C'est toute la question.

Si les cerveaux fossiles ne sont pas la clé qui nous permettra de comprendre les stupéfiantes capacités cognitives de l'homme, y a-t-il une autre manière d'approcher le problème ? Bien des chercheurs ont exploré d'autres pistes et, en dépit de ce qu'elle a de mystérieux, l'intelligence humaine a suscité d'intenses discussions. Intuitivement, nous avons tous une idée de ce qu'elle est, même si, dès qu'il s'agit de la définir, il est difficile de dépasser les propositions tautologiques du type : « L'intelligence est ce quelque chose qui nous permet de nous comporter intelligemment. » Nul doute qu'une intelligence élevée implique une certaine flexibilité dans la réponse aux problèmes posés par l'environnement. Mais il ne s'agit pas que d'une capacité à répondre à des stimuli : tous les organismes ont cette aptitude. Il est tout aussi évident qu'un certain degré de flexibilité dans le comportement n'est pas l'apanage de l'homme. Toutefois, quand on étudie les animaux vivants, il est souvent ardu de distinguer un comportement véritablement intelligent d'un autre qui *semble* simplement intelligent. La bonne réponse peut être déduite de mauvaises raisons. Les spécialistes des processus cognitifs ont les plus grandes difficultés à décider si les comportements qu'ils observent chez les chimpanzés et d'autres primates non humains sont bien le résultat d'un raisonnement, s'il ne s'agit que de réflexes conditionnés, d'imitation, ou de tout autre chose.

Autre piste : à mesure que nos ordinateurs deviennent plus sophistiqués, nous tentons d'approcher le problème à travers le fonctionnement des objets inanimés. Il y a 50 ans, le grand théoricien de l'informatique, Alan Turing, avait eu l'idée d'une expérience pour déterminer si une machine pouvait ou non penser. Elle consistait en un échange de messages et de questions entre une machine et un opérateur humain situés dans deux pièces différentes. Si, à la fin d'un laps de temps donné, l'opérateur était incapable de dire s'il avait interrogé un autre être humain ou une machine, il faudrait en conclure que la machine était capable de penser. Turing croyait qu'une telle machine pourrait voir le jour dans un avenir assez proche. En fait, en dépit de tous les efforts accomplis ces derniers temps dans les recherches sur l'intelligence artificielle, aucune machine n'a encore pu passer victorieusement cette épreuve. Même les ordinateurs les plus puissants, capables de battre un être humain aux échecs, n'y parviennent pas. Pourquoi ? Parce qu'ils sont, par définition, algorithmiques, appliquant très rapidement un ensemble de règles fixées par avance à la solution de questions bien définies (d'où leurs prouesses aux échecs). Mais personne ne contestera que ce qui se passe dans les entrailles d'un ordinateur géant d'IBM est très différent de l'activité cérébrale d'un champion comme Garry Kasparov.

À mesure que l'informatique progresse et que les ordinateurs deviennent de plus en plus aptes à « apprendre » à partir des résultats de leur propre travail, on peut imaginer qu'une plus grande convergence sera obtenue entre ce qu'un ordinateur et ce qu'un être humain peuvent accomplir (et il faudra pour cela l'aide d'un ordinateur !). Mais il est très improbable qu'aucune machine atteigne un jour à un état que nous pourrions qualifier de « conscience ». L'une des raisons en est que la conscience de l'homme est clairement non algorithmique. Même si nous devions en arriver à la conclusion, faute de mieux, que la conscience subjective de l'homme est le produit, en dernière analyse, d'innombrables événements électrochimiques internes au cerveau (tout comme les opérations de l'ordinateur sont produites par une quantité comparable d'événements électroniques dans ses circuits intégrés), il resterait patent qu'elle ne résulte pas d'un mécanisme seulement capable de cliquer « oui » ou « non » face à une liste de tâches et d'options. Le cerveau humain est le résultat d'une évolution extraordinairement longue, puisque tout remonte aux structures cérébrales simples nées il y a quelque 400 millions d'années. Depuis l'apparition de ce protocerveau chez les premiers vertébrés, l'organe a grossi sur le mode de l'accumulation, ajoutant une structure ici, en accroissant une autre là, acquérant une nouvelle connexion ailleurs. Parallèlement, autant que l'on sache, rien ne semble avoir jamais été « perdu » au cours de l'évolution qui a conduit au cerveau humain. Nos crânes abritent toujours des structures issues de celles qui, dans la nuit des temps, gouvernaient le comportement des premiers poissons, des premiers mammifères, des premiers primates. En particulier, dans le cerveau le plus récent, le chemin qu'empruntent les messages pour passer d'une zone à l'autre traverse des structures très anciennes (celles qui jouent le premier rôle dans les réactions émotionnelles). Et il est fort possible que ces messages soient affectés par leur itinéraire. L'histoire cumulative de notre cerveau a pris soin qu'il ne ressemble en rien au type de machine qu'un ingénieur rationaliste pourrait concevoir du début à la fin ; et c'est très probablement à cette histoire désordonnée et semée d'accidents que nous devons nos capacités cognitives tant vantées.

Le neurobiologiste Antonio Damasio a récemment consacré l'essentiel de l'un de ses ouvrages à défendre l'idée selon laquelle les remarquables capacités cognitives de l'homme exploitent précisément cette longue histoire. Raisonnant en termes de fonction, il prend pour point de départ le fait que la conscience est représentation, qu'elle dépend de l'établissement d'associations entre le moi et les objets (que l'opération soit ou non pleinement comprise comme telle par le sujet). Plus important, ces associations ne passeraient pas par la pensée mais par l'affect. Ce qui conduit Damasio à considérer que la conscience se présente sous deux formes. La « conscience de base », limitée à l'instant présent, est celle que nous partageons avec les autres primates. Quant à ce qui rend notre espèce unique, il l'appelle la « conscience étendue » : c'est celle qui ajoute au mélange la perception du passé et celle de l'avenir. Comme devant toutes les autres thèses qui abordent cette question insoluble, on peut se demander s'il s'agit d'une catégorisation exacte (ou, à tout le moins, complète) de ce que notre expérience subjective appelle « conscience » (pensez à votre chien qui court vers la porte dès qu'il vous entend prendre les clés de la voiture). Mais Damasio a certainement raison quand il souligne l'existence d'un lien intime, dans notre cerveau, entre fonctions cognitives et émotions. Si peu que nous comprenions du fonctionnement cérébral infiniment complexe qui débouche sur la conscience, il est clair que sa production passe par une mobilisation générale de toutes les composantes du cerveau. On objectera avec raison que la science a réussi à identifier des zones cérébrales impliquées dans l'accomplissement de tâches spécifiques. Mais dès qu'il est question de notre état global de conscience, il nous faut presque certainement considérer le fonctionnement d'ensemble de notre cerveau (l'ancien, le nouveau, l'organe tout entier). Je suis presque sûr que la faculté de raisonnement associe une capacité à recourir aux symboles et une aptitude à l'intuition ; or le processus de l'intuition, en particulier, dépend d'une structure cérébrale archaïque. Il est quasiment certain que c'est la combinaison de ces deux aptitudes qui a donné aux humains leur remarquable créativité ; et il ne semble guère judicieux de rechercher un noyau de cellules cérébrales dont la présence ou l'absence déciderait si leur possesseur jouit ou non d'une conscience ou d'une grande intelligence. En d'autres termes, laissons en paix le cerveau d'Einstein. Bien sûr, les techniques pour obtenir une image de l'activité cérébrale des sujets s'améliorant, nous en apprenons un peu plus chaque jour sur telle ou telle fonction spécifique du cerveau ; mais la question générale de la conscience et de notre aptitude à manifester des comportements « intelligents » n'est pas élucidée. Il y a peu de doute qu'elle obtiendra un jour une réponse (si nous sommes vraiment suffisamment intelligents pour comprendre les racines de notre intelligence) dans le cadre d'une vision plus unifiée du fonctionnement du cerveau.

Types d'intelligence

L'un des points les plus importants à prendre en compte quand on se penche sur la question de l'intelligence est qu'il ne s'agit pas d'une qualité unidimensionnelle : elle dépend largement des contextes. Il n'est pas tout à fait infondé de prétendre que ceux qui disposent d'un quotient intellectuel élevé sont simplement ceux qui obtiennent les meilleurs résultats aux tests conçus pour mesurer ce quotient, même s'il est peut-être vrai que les personnes performantes dans un domaine ont des chances de l'être également dans d'autres. Ce qui est incontestable, en revanche, c'est que certains individus sont meilleurs que d'autres dans un type spécifique d'exercices mentaux ou plus aptes à exécuter certaines tâches particulières. Telle personne incapable de programmer un magnétoscope pourra se révéler brillante aux fourneaux, en peinture ou pour attraper les souris. Sans oublier, bien entendu, le personnage du « savant idiot » capable d'extraordinaires prouesses en calcul mental, mais totalement perdu en société. Personne n'est exceptionnel en tout, et, sauf à souffrir de déficiences majeures, chacun manifeste ce que nous appelons « intelligence » sous une certaine forme. Le point est d'importance. Le fait que l'intelligence soit, de façon aussi évidente, non pas une capacité générale, mais un phénomène susceptible de s'exprimer de différentes façons a conduit plusieurs chercheurs à la conclusion suivante : d'une certaine manière, les intelligences, et par extension les cerveaux qui les produisent, sont « modulaires », ce qui signifie qu'il existerait plusieurs types d'intelligence. Si cela est vrai, il faut alors se demander si ces diverses intelligences ont été acquises en bloc ou à des époques différentes. Le cerveau humain est-il un ordinateur multifonctionnel devenu de plus en plus puissant au fil du temps par accumulation de mémoires et de connexions supplémentaires ? Ou bien est-il au contraire un assemblage de mécanismes distincts venus s'agglomérer un par un, tout comme le fameux couteau suisse qui acquiert inexorablement de plus en plus de lames ? N'est-il ni l'un ni l'autre ?

Selon certains chercheurs, notamment parmi les tenants d'une approche sociobiologique, le cerveau abriterait un très grand nombre de modules mentaux distincts : pour la reconnaissance des visages, pour l'amitié, pour les échanges sociaux, pour l'identification des membres de la famille, pour la peur, pour l'éducation des enfants, pour une théorie du moi, etc. Mais que voir de plus dans cette théorie qu'une liste interminable des activités auxquelles se livrent les êtres humains (ainsi que, pour la plupart des modules, d'autres espèces) ? Si ce recensement peut intéresser ceux qui penchent pour une explication sociobiologique, il n'apporte rien à la compréhension du processus par lequel le cerveau assemble ses perceptions pour produire une pensée et une réponse intelligentes. Une autre voie plus intéressante, bien qu'apparentée, est celle de l'archéologue Steven Mithen, qui compare l'évolution du cerveau à la construction d'une cathédrale. La « nef » serait composée d'un module d'intelligence générale, avec des ouvertures vers des modules traitant les perceptions en provenance du monde extérieur. S'ajouteraient ensuite de multiples « chapelles » consacrées chacune à un domaine cognitif, les intelligences qu'il appelle « technique », « sociale », « liée à l'histoire naturelle », voire « linguistique ». Dans un premier temps, ces modules d'intelligence ne seraient reliés qu'à la nef, sans pouvoir communiquer entre eux ; mais, au bout d'un certain temps, des portes s'ouvriraient entre les chapelles, permettant à une « fluidité cognitive » de se répandre. Mithen assimile la première étape de construction aux capacités des chimpanzés (élaboration des intelligences générale et sociale) ; la deuxième phase serait celle de la création des outils et de la consommation de viande (c'est-à-dire les intelligences « technique », « liée à l'histoire naturelle » et peut-être un début d'intelligence « linguistique ») ; quant à l'achèvement de la construction, il correspondrait à l'ouverture des passages d'un module à l'autre, permettant au cerveau d'opérer des associations symboliques.

Ce n'est pas la faute de Mithen si, dans l'état actuel de nos connaissances, toute hypothèse sur l'évolution des facultés cognitives de l'homme prend inévitablement la forme d'une métaphore filée. Mais on reprochera à son scénario de présenter l'ensemble des défauts de la notion d'évolution vue comme un « réglage de précision », dont j'ai déjà parlé. Non seulement il laisse de côté le fait que les composantes de chaque module putatif de l'intelligence ne sont pas toutes étroitement associées (du moins à en juger par ce que nous constatons autour de nous), mais il ne nous aide pas beaucoup à comprendre pourquoi la plupart des grands singes sont capables de se reconnaître dans un miroir, ni pourquoi les singes ne le sont pas. À moins, bien entendu, de considérer l'existence d'un autre module, qui serait spécialisé dans la reconnaissance de soi. Mais cela ne ferait qu'ajouter un nouvel article à l'interminable liste déjà évoquée. Sans compter que cette dissection des formes d'intelligence ne va plus de soi dès qu'il s'agit du cerveau et des comportements humains, car nous ne pouvons alors étudier que les nôtres et ceux de cousins assez éloignés (sachant que le dernier ancêtre commun aux êtres humains et aux grands singes remonte à 5 ou 6 millions d'années). Quelques comportements précis sont moins énigmatiques, la documentation archéologique disponible nous proposant une sorte d'esquisse de ce que nos précurseurs faisaient, voire pensaient, au moins dans certains domaines de leur vie quotidienne. En définitive, la seule proposition incontestable que nous puissions énoncer sur le caractère unique de notre conscience est celle-ci : alors que tous les autres organismes connus habitent le monde tel qu'il leur est donné par la nature, nous autres, êtres humains, vivons dans un monde dont nous avons une représentation symbolique et que nous recréons dans notre esprit. Voilà ce qui fait de nous des créatures fascinantes, et aussi très dangereuses.

Chapitre 4

L'évolution de l'homme et l'art de grimper aux arbres

Il y a environ 1,6 million d'années, un jeune garçon, peut-être âgé de 9 ans, est tombé dans un marais sur le rivage occidental de ce qui est aujourd'hui le lac Turkana (ancien lac Rodolphe), dans le nord du Kenya. On ne sait pas s'il était malade, perdu ou abandonné mais, quoi qu'il en soit, ce garçon est mort, probablement tout seul, dans ce lieu hostile où les insectes pullulent. Or cette petite tragédie parmi tant d'autres dans la longue et dramatique histoire que donnent à lire les archives des fossiles humains s'est révélée un trésor pour les paléontologues. Le cadavre du garçon n'avait pas été immédiatement repéré et démembré par les charognards, contrairement au destin de toute créature morte dans les plaines africaines ; il avait flotté sur le ventre quelque temps avant d'être recouvert par la boue marécageuse, ce qui a permis aux chercheurs de le découvrir avec tous ses membres. Pour la science, quel événement ! En effet, les fossiles d'hominidés sont presque toujours des fragments de crânes et d'os à partir desquels il est souvent très difficile de reconstituer la manière de vivre de leurs lointains possesseurs. Un squelette presque entier (il ne manque à celui-ci que les mains et les pieds) est un luxe paléontologique presque sans précédent : avant la découverte, vers le milieu des années 1980, de cet adolescent du lac Turkana, on ne connaissait qu'un seul squelette d'hominidé authentiquement ancien et assez bien conservé, celui de la fameuse Lucy, vieux de 3,2 millions d'années, découvert en Éthiopie 10 ans plus tôt mais beaucoup moins complet. Lucy avait fait sensation, en son temps, car cette créature primitive et toute menue était le seul squelette d'hominidé en assez bon état dont nous disposions pour toute la période précédant les premières sépultures (il y a 50 000, 100 000 ans). Ainsi, le jeune garçon du lac Turkana remplissait un vide énorme dans nos connaissances de l'évolution humaine, et l'on comprend l'excitation des paléoanthropologues à l'annonce de cette extraordinaire découverte.

Mais il serait sage de ne pas tirer de conclusions hâtives dès qu'on aborde la question du passage de nos précurseurs à l'homme. Lucy et l'adolescent du lac Turkana sont à coup sûr les vedettes de la pièce, mais la troupe est nombreuse et l'action a commencé au moins 1 ou 2 millions d'années avant l'époque de Lucy. Reprenons donc depuis le début, tant en ce qui concerne les archives fossiles que l'histoire des idées forgées à partir de cette documentation. Il y a 5 millions d'années, nos précurseurs étaient très différents de nous. Comme Lucy, ils étaient de petite taille, avec un cerveau réduit, et conservaient nombre de caractéristiques utiles à la circulation dans les arbres. Aujourd'hui nous sommes grands, avec un gros cerveau, et voués à vivre au sol. On peut donc avancer avec certitude que ce qui a dû se passer entre eux et nous a consisté à devenir plus grand, à acquérir un cerveau plus gros et à abandonner l'adaptation à la vie arboricole. Dans un certain sens – limité –, ce résumé est assez juste. Mais qu'explique-t-il ? Pas grand-chose. Et plus on y réfléchit, plus il semble évident que la seule question vraiment intéressante est de savoir *comment* tout cela s'est passé. Malheureusement, dès que l'on commence à vouloir démêler le déroulement de l'évolution humaine, on se voit contraint de renoncer à nombre d'hypothèses confortables sur la façon dont le processus fonctionne. La vulgate évolutionniste qui voit dans l'apparition d'*Homo sapiens* un fait pratiquement inévitable laisse relativement peu à expliquer.

Avec le triomphe quasi absolu de la théorie synthétique après la Seconde Guerre mondiale, on en est venu à considérer que l'évolution de l'homme, comme celle de tous les organismes, avait été un processus graduel, linéaire, qui, contre vents et marées, avançait avec ténacité sur la voie du perfectionnement. Toujours sur le qui-vive, la sélection naturelle y veillait. Et puisque l'hominidé actuel, dont il faut reconnaître qu'il est une créature impressionnante (et terrifiante), se considérait lui-même comme une amélioration manifeste par rapport à ses prédécesseurs, il était tentant de conclure que tout n'avait été qu'une question de temps. Néanmoins, plus on découvrait de nouveaux fossiles, plus il était patent que l'histoire de notre espèce avait été infiniment plus compliquée que cela. Il fallut pas mal d'années pour que cette constatation fasse son chemin, et l'on trouve encore des paléontologues qui résistent à l'idée que l'évolution des hominidés est semée d'échecs et de culs-de-sac. Pourtant, en dernière analyse, la conclusion s'impose : ce n'est pas un processus de perfectionnement progressif qui nous a menés là où nous sommes. L'itinéraire est bien plus accidenté, et donc beaucoup plus intéressant, que le naïf conte moral qui voudrait que la vertu évolutionniste ait finalement été récompensée.

Dans les pages qui suivent, j'étudierai l'apparition, chez les hominidés, de ce que tous les scientifiques considèrent comme les trois innovations les plus déterminantes avant l'apparition d'*Homo sapiens*. La première est le passage à la station verticale, conditionné par plusieurs structures anatomiques très spécifiques que l'on observe parfaitement chez Lucy. La seconde est l'apparition d'outils de pierre taillée et des nouvelles capacités cognitives qui leur sont nécessairement liées. La troisième est l'acquisition d'un corps à structure moderne (dont l'exemple le plus spectaculaire est celui de l'adolescent du lac Turkana), lequel représente aussi une rupture considérable par rapport à la situation antérieure : dans tout ce que nous savons de l'histoire des hominidés, aucun événement n'a eu de conséquences aussi importantes que cette « modernisation » du corps. Et bien que nos archives sur ce point soient un peu plus opaques que nous le souhaiterions, il est certain que nous ne sommes pas en présence d'une transformation linéaire.

Le XXe siècle a connu des débats sans fin sur l'adaptation innovatrice qui nous a séparés des ancêtres arboricoles de nos cousins les plus proches, les grands singes, et a lancé les premiers hominidés sur la voie menant à l'être humain. À une certaine époque, c'est dans la taille du cerveau que l'on voyait le principal agent du processus ; par la suite, de nouveaux facteurs sont venus lui disputer la palme, tels l'habileté manuelle ou divers autres progrès dont on pensait qu'ils avaient fini par déboucher sur l'invention de l'outil. Mais le phénomène qui tient aujourd'hui la corde est l'adoption de la bipédie, autrement dit la locomotion sur deux jambes, ou tout au moins une certaine capacité à se tenir debout. La distinction est d'importance car, si les paléoanthropologues d'aujourd'hui sont tous d'accord (une fois n'est pas coutume) pour considérer que, sous une forme ou une autre, la station debout est le facteur décisif à l'origine de la famille des hominidés il y a 6 ou 7 millions d'années, ce qu'elle impliquait exactement fait toujours l'objet d'intenses discussions.

Le type de stimulus qui aurait entraîné l'adoption de cette bipédie est aussi sujet à controverses, bien que les preuves s'accumulent pour démontrer que, pendant des millions d'années avant l'apparition des hominidés, le climat n'a cessé de devenir plus froid et plus sec. Cette dégradation a atteint son point culminant il y a 5 ou 6 millions d'années, à la fin du Miocène, et elle s'est traduite, en Afrique, par une diminution des superficies recouvertes de forêts. Par contrecoup, les environnements périphériques des zones forestières (qui constituaient probablement l'habitat favori des premiers hominidés) ont gagné en étendue, et la faune africaine a évolué. Ainsi l'antilope brouteuse d'herbe – celle de la savane – s'est-elle mise à proliférer au détriment des espèces apparentées qui broutaient les feuilles basses dans les forêts. Il y a environ 2,5 millions d'années, une nouvelle détérioration du climat est intervenue qui s'est traduite par une fragmentation accrue des zones boisées et par un nouveau remplacement de la faune. Enfin, un autre épisode de refroidissement a eu lieu voilà 1,8 million d'années, ouvrant le cycle des périodes glaciaires et interglaciaires dans lequel nous nous trouvons toujours, le climat de la planète oscillant entre le chaud et le froid tous les 100 000 ans environ. Néanmoins, comme la faune africaine était déjà « hivernisée », les effets de cet ultime refroidissement sur les populations animales avec lesquelles coexistaient les premiers hominidés ont été moins spectaculaires. Il est intéressant de noter que chacun de ces épisodes climatiques a globalement coïncidé avec l'un des événements majeurs de l'évolution humaine, événements que nous allons maintenant étudier de plus près.

Les premiers bipèdes

Les premiers prétendants au statut d'hominidés, au nombre de deux, vivaient il y a plus de 4 millions d'années, l'un comme l'autre en Afrique de l'Est. Le plus ancien, qui porte le nom flatteur d'*Ardipithecus ramidus*, a été trouvé sur le site d'Aramis, en Éthiopie. Vieux de 4,4 millions d'années, il est constitué de fossiles très fragmentés décrits en 1994, auxquels s'ajoutent des restes plus complets découverts depuis mais si étroitement soudés aux sédiments rocheux que l'opération consistant à les dégager présente des difficultés cauchemardesques. Sur la base de quelques preuves très indirectes, on a initialement pensé que *A. ramidus* avait été bipède. Mais le paléoanthropologue qui l'a découvert a récemment déclaré qu'il s'agissait plutôt « d'un type de locomotion différent de tout ce que nous connaissons aujourd'hui : pour trouver un être qui se déplace de cette manière, il faudrait aller voir au bar de *Star Wars* ». De fait, il n'est même pas du tout certain que *A. ramidus* ait été un hominidé ; mais s'il en était un, il démontrerait un point capital, à savoir que, dès les origines, la famille des hominidés était largement diversifiée. *A. ramidus* est très différent de l'espèce qui lui succède immédiatement, très peu éloignée de lui dans le temps, et il n'est pas question de voir dans le premier l'ancêtre du second. À l'évidence, dès le début, nos précurseurs se sont ramifiés pour explorer les différentes manières possibles d'être un hominidé.

On en sait un peu plus sur *Australopithecus anamensis*, trouvé au nord du Kenya sur des sites datant de 4,2 à 4,1 millions d'années. En dépit de quelques différences dans la configuration des mâchoires et des dents par rapport à *Australopithecus afarensis*, la nouvelle forme du Kenya semble s'inscrire aisément dans le groupe des australopithèques, bien que l'assortiment de fossiles qui lui est attribué soit suffisamment bigarré pour mériter des recherches complémentaires. Quoi qu'il en soit, si l'annonce de *A. anamensis* a fait sensation, c'est parce que l'un des fragments retrouvés, provenant d'un tibia, prouvait sans équivoque possible sa bipédie, notamment par la façon dont il contribuait à l'articulation du genou. Depuis sa mise au jour en 1995, personne ne conteste qu'une certaine forme de station debout a figuré au répertoire des comportements des hominidés il y a environ 4,2 millions d'années. Mais quelle forme au juste ?

Pour répondre à cette question, il est éclairant de revenir sur l'histoire tortueuse de l'interprétation de *A. afarensis*. Décrite pour la première fois dans les années 1970 après des découvertes sur des sites éthiopiens et tanzaniens, cette espèce, dont on pense aujourd'hui qu'elle a vécu toute la période comprise entre 3,8 et 3 millions d'années, est de loin celle des premiers hominidés sur laquelle nous en savons le plus. Cela est dû pour une part à la découverte de cette chère Lucy, squelette à 40 % complet d'une petite créature vieille d'environ 3,2 millions d'années, et pour une autre à l'étonnante « première famille », un ensemble d'ossements brisés à peine plus anciens dont on peut penser qu'ils sont ceux d'un groupe entier d'australopithèques morts au cours d'un unique événement cataclysmique, peut-être une inondation soudaine. Entrent aussi en ligne de compte d'autres fragments fossiles patiemment dénichés ces dernières décennies, dont un crâne récemment exhumé, auxquels s'ajoutent une succession d'empreintes de pieds miraculeusement conservées à Laetoli (Tanzanie) et datant d'environ 3,5 millions d'années.

Des découvertes comme celle de Lucy ou des empreintes de Laetoli sont extraordinairement rares, et d'autant plus précieuses. Mais il eût été trop beau que l'on parvienne à une interprétation rapide et unanime de cette soudaine abondance de documentation. On se demande encore, par exemple, si les nombreux fossiles de *A. afarensis* dont nous disposons renvoient vraiment à une même espèce. Toutefois, c'est sur d'autres questions que la controverse est la plus vive.

Pour l'essentiel, il s'agit de savoir quel était le degré de bipédie de ces premiers hominidés. Les rapports initiaux sur Lucy et sur des spécimens voisins soulignaient presque exclusivement leurs traits humains, particulièrement le pelvis et le genou ; on pensait tenir la preuve que la bipédie moderne avait commencé très tôt dans l'histoire des hominidés. De même, les premières études des empreintes de Laetoli insistaient sur ce qu'elles avaient de fondamentalement humain. Mais il ne fut pas nécessaire d'attendre longtemps pour que différents chercheurs soulignent chez *A. afarensis* des caractéristiques anatomiques qui ne concordaient pas avec une forme de locomotion véritablement humaine. Les premières questions soulevées portaient sur divers aspects du genou et des membres supérieurs, et rapidement toute une petite industrie s'est constituée autour du problème, montrant par exemple que les longs os recourbés des mains et des pieds, la forme conique du tronc et les courts membres postérieurs de *A. afarensis* l'auraient non seulement handicapé pour se mouvoir sur le sol, mais surtout avantagé pour circuler dans les arbres et s'y nourrir. On soulignait même que les arbres étaient probablement le seul endroit sûr où ces hominidés pouvaient dormir, et que leur distribution géographique devait être fonction de la présence ou non de zones boisées. Simultanément, de nouvelles études sur les empreintes de Laetoli commençaient à mettre en avant ce qui les rapprochait de celles des grands singes, et des recherches menées sur les chimpanzés montraient qu'au cours de leurs déplacements dans les arbres ils adoptent parfois la station debout.

Bien que le débat se poursuive, les grandes lignes d'un scénario probable des débuts de la bipédie commencent à apparaître, au moins chez *A. afarensis*. À elle seule, la structure pelvienne indique qu'une réorganisation majeure du squelette avait eu lieu : le pelvis de *A. afarensis* est celui d'une créature pratiquant essentiellement la station verticale et ayant donc besoin que ses organes abdominaux (lesquels pèsent désormais sur la zone pelvienne) soient convenablement soutenus. Jusqu'ici, pas de problème. Mais cela signifie-t-il pour autant que *A. afarensis* marchait sur ses deux jambes de la même manière que nous ? La réponse est certainement négative. Il va de soi que les déductions faites à partir d'ossements ne sont précisément que des déductions. Néanmoins, parmi les nombreuses thèses qui se contredisent bruyamment, il en est une qui a toutes les chances d'être juste : Lucy et les siens étaient loin de se déplacer à la façon des hommes. Il est fort possible qu'ils aient utilisé la locomotion bipède quand ils se trouvaient sur le sol, au moins une partie du temps (à elles seules, les empreintes trouvées à Laetoli le prouvent), mais il ne s'ensuit pas obligatoirement qu'ils n'aient eu recours qu'à la station verticale au sol, ni que les indicateurs d'une bipédie décelables dans leur squelette soient nécessairement des « adaptations » à la vie sur la terre ferme. Bien que la structure de la main, du pied et nombre d'autres traits de ces hominidés soient clairement hérités d'un ancêtre vivant dans les arbres (ce qui n'étonnera personne), on ne saurait en conclure qu'ils ne représentaient qu'un encombrant « bagage évolutif » qu'ils devaient traîner avec eux. Si les australopithèques possédaient ces traits, c'est que toutes les capacités associées faisaient indubitablement partie de leur répertoire comportemental, lequel leur permettait d'être aussi à leur aise dans les forêts qu'à leur lisière, et de s'aventurer à l'occasion (non sans quelque nervosité, parions-le) dans des espaces ouverts, comme celui de Laetoli.

De plus, la locomotion des australopithèques telle que nous la déduisons du squelette de Lucy n'était pas une simple étape de transition entre celle des grands singes et celle de l'homme moderne. Si nous ne l'avions pas appris de plusieurs détails anatomiques, nous le saurions en raison de l'apparente stabilité de cette forme particulière du corps dans la longue durée. Lucy n'est pas une étape ponctuelle sur le parcours qui mène du grand singe à l'homme : sa structure anatomique prouve bien davantage une adaptation réussie et stable. Des premiers indices de bipédie chez *A. anamensis* jusqu'à la dernière apparition des australopithèques il y a plus de 2 millions d'années, la structure de base du corps semble être restée à peu près la même. Bien entendu, les australopithèques ne constituaient pas un groupe homogène. Non seulement ils se répartissaient en deux branches bien documentées – les « robustes » à grandes mâchoires et les « graciles » à crâne plus léger –, mais ils se diversifiaient sur le continent africain en un nombre substantiel d'espèces : neuf au moins ont été identifiées à ce jour par les paléoanthropologues, et on en trouvera sûrement d'autres. Autant que nous puissions le savoir, une fois la percée décisive accomplie dans la structure anatomique, les différences entre espèces sont restées relativement mineures, bien qu'il y ait des raisons de penser que la division entre « robustes » et « graciles » renvoie plutôt à une différence dans leur alimentation. L'essentiel à savoir est ceci : même avec de nombreuses variations, le thème de base reste identique. Et ce phénomène reflète un schéma plus général qui se reproduit tout au long de l'histoire évolutive humaine : en dépit de forts indices de variété au niveau de l'espèce jusqu'à l'apparition d'*Homo sapiens*, les grandes innovations qui ont émaillé cette histoire ont été sporadiques. On peut même dire que le « réglage de précision » tant attendu, l'inexorable progression vers ce que nous sommes, brille par son absence. Les espèces vont et viennent et, de temps en temps, quelque chose d'inattendu se produit. Au bout du compte, si tenté que l'on puisse être d'« expliquer » les innovations comportementales par l'apparition d'une espèce jusque-là inconnue, il est en réalité très difficile d'attribuer spécifiquement à une nouvelle espèce d'hominidé telle ou telle innovation technique.

Les premiers fabricants d'outils

Les outils de pierre taillée sont les plus anciens documents directs dont nous disposons sur le comportement des premiers hominidés. Pour tous les autres organismes éteints, ce que nous savons de leur comportement doit être déduit de leur anatomie ou d'autres indices indirects (comme certains ratios d'isotopes dont on pense qu'ils reflètent leur alimentation), autrement dit d'indicateurs assez grossiers. En revanche, à compter du moment où des outils ont commencé à être fabriqués et utilisés, notre connaissance des hominidés acquiert une dimension historique unique, non seulement parce que cet outillage lithique a survécu aux ravages du temps, mais aussi parce qu'il explique de lui-même l'usage qui était fait de lui. Toutefois, il serait erroné de croire que cet approfondissement de notre savoir facilite nécessairement l'interprétation : les archéologues ont au moins autant de difficultés que les biologistes à se mettre d'accord entre eux.

En ce qui concerne les archives archéologiques elles-mêmes, le premier problème est de déterminer où elles commencent. Les premiers outils de pierre taillée, très grossiers, ont été obtenus par percussion de cailloux avec d'autres, un processus qui n'est pas seulement le fait d'hominidés utilisant leurs mains mais se produit en permanence dans le lit des cours d'eau. Longtemps avant que les premiers outils véritables aient été découverts en Afrique, les « éolithes » (littéralement « pierres d'aurore ») stupéfiaient les antiquaires [1] européens, qui voyaient dans leur forme le résul-

1. Le terme est à prendre dans son sens ancien ; il désigne ces « proto-archéologues », souvent des amateurs fortunés, qui collectionnaient et

tat d'une taille (en fait, on s'aperçut par la suite qu'ils étaient le produit d'une érosion naturelle). Mais les archéologues sont toujours confrontés à la même difficulté, puisque les premiers outils de pierre taillée n'étaient probablement pas très différents des éolithes : des cailloux portant une ou deux traces d'effritement dues à quelques coups. Ce n'est que plus tard, au bout d'un laps de temps indéterminé, que des outils plus élaborés, et donc plus facilement identifiables comme tels, ont été fabriqués.

Les premiers outils généralement reconnus pour être véritablement l'œuvre d'hominidés ont été découverts sur des sites d'Afrique de l'Est vieux de 2,5 millions d'années, voire un peu plus. Ils sont globalement semblables à ceux découverts dans la gorge d'Olduvai, et sont donc appelés oldowayens [1]. Il s'agit de galets longs de moins de dix centimètres dont un ou deux éclats ont été retirés par percussion. Bien que les premiers outils identifiés comme oldowayens soient les galets dont les éclats ont été tirés, les archéologues considèrent que ce sont en réalité les éclats qui servaient d'outils tranchants et que les galets taillés étaient utilisés pour le concassage. On pourrait penser que de petites lamelles de pierre de 3 à 6 cm ne représentent pas grand-chose en matière d'outillage, mais elles se sont révélées étonnamment efficaces : grâce à elles, des archéologues expérimentalistes ont réussi à dépecer un éléphant entier !

étudiaient soit les vestiges de l'Antiquité (médailles, inscriptions, vases, manuscrits, etc.), soit les silex taillés et autres objets remontant à la préhistoire (*NdT*).

1. À l'époque des premières fouilles entreprises dans cette gorge, en 1913, l'actuelle Tanzanie était une colonie allemande et la graphie germanique du lieu était « Oldoway », d'où l'orthographe (conservatrice) de l'adjectif correspondant (*NdT*).

L'une des fonctions de ces outils, peut-être la principale, était d'arracher la chair des carcasses d'animaux morts. Les archéologues ont longtemps divergé quant au sens à attribuer à la présence, sur un même site, d'un outillage lithique et d'ossements entaillés. Cependant, l'examen au microscope des entailles en forme de V, effectuées par des outils en pierre, sur ces ossements, suffit aisément à les distinguer des morsures de carnivores ou de charognards. En revanche, il est plus difficile de savoir si les premiers à avoir arraché ce qui restait de chair sur l'animal tué, et déjà en partie consommé par des prédateurs, étaient des hominidés ou des charognards – bien que, étant donné la petite taille et la vulnérabilité générale des premiers hominidés, on considère comme peu vraisemblable qu'ils aient tué la bête au cours d'une chasse. Un autre fait à prendre en compte est la dominance de fractures « torsionnelles » sur les ossements découverts dans plusieurs sites archéologiques : résultat d'un martelage de l'os avec un bloc de pierre, elles laissent supposer que les hominidés cherchaient à en récupérer la moelle, riche en graisses et en protéines. Il s'agissait de l'une des rares ressources d'un cadavre d'animal ne pouvant être exploitée par la plupart des carnivores, et pour se l'approprier les hominidés ne rencontraient que la concurrence de la hyène, dotée d'une puissante mâchoire capable de briser des os. Voilà un autre fait suggérant que les hominidés étaient des charognards et non des chasseurs ou, du moins, qu'ils n'étaient pas capables de s'attaquer aux gros et moyens mammifères.

Piller les restes des animaux tués par un prédateur ou morts naturellement peut sembler une tâche assez humble et peu exigeante, mais, en réalité, l'invention des outils tranchants a probablement eu un impact majeur sur la vie de nos plus anciens précurseurs. Elle leur a principalement permis d'accéder à une source de nourriture hautement nutritive, et même de démembrer de très grosses carcasses pour en emporter les morceaux dans un endroit sûr. Cette mise à l'écart du butin est d'une importance majeure car les régions où la plupart des carcasses dépecées ont été retrouvées étaient à l'époque, on le suppose, semi-boisées, donc grouillantes d'animaux hostiles à grandes dents, ce qui en faisait des espaces très dangereux pour le petit hominidé. On ignore la part que représentait l'alimentation carnivore chez les premiers hominidés, mais on peut penser que ce nouveau mode de vie impliquait l'adoption de nouvelles compétences, notamment l'art d'interpréter des signes indirects fournis par l'environnement pour identifier le lieu où gisaient les carcasses d'animaux. Le tournoiement des vautours dans le ciel a pu être un de ces signes. Cependant, aller plus loin et laisser entendre, par exemple, que les premiers hominidés savaient lire les empreintes laissées par les animaux serait céder trop facilement à la vision de ces créatures comme des versions encore primitives de nous-mêmes, piège majeur dans lequel plus d'un préhistorien est tombé.

Au-delà du mode de vie, il faut se demander ce que la fabrication d'outils en elle-même nous apprend sur les capacités cognitives de nos plus anciens précurseurs. La réponse ? Elle nous en dit très long. Même les chimpanzés, par ailleurs très doués, n'ont pas réussi à fabriquer des outils de pierre taillée (encore que certains d'entre eux vivant à l'état sauvage utilisent effectivement de petites branches pour « pêcher » les termites, par exemple, ou se servent de pierres comme enclumes pour briser des noix).

Il apparaît ainsi que des capacités de réflexion développées sont nécessaires pour trouver sous quel angle précis frapper un caillou avec un autre afin d'en détacher une lamelle utilisable comme outil tranchant, et plus de brio encore pour identifier le type de pierre qui fera le meilleur outil. Les plus anciens sites découverts par les archéologues ne contiennent souvent que des ossements d'animaux portant des traces d'entailles et/ou un outillage lithique, ainsi que les éclats de pierre consécutifs à sa fabrication gisant çà et là sur le sol. Dans plusieurs cas, les archéologues ont pu reconstituer la totalité du caillou originel d'où provenaient les lamelles découvertes sur les sites de dépeçage ; or, très souvent, il s'est avéré que les cailloux ne venaient pas de ces sites. Dans quelques autres cas, même, ils provenaient d'un endroit situé à plusieurs kilomètres. Cela prouve différentes choses : d'abord, que ces hominidés avaient prévu qu'ils auraient besoin d'outils ; ensuite, qu'ils savaient sélectionner les matériaux appropriés et étaient prêts à les transporter sur de longues distances avant de façonner à partir d'eux l'instrument dont ils avaient besoin ; enfin, que les premiers fabricants d'outils avaient les capacités manuelles et cognitives nécessaires. Cogner un caillou contre un autre ne semble peut-être pas constituer une prouesse intellectuelle mais, en réalité, l'art de confectionner un outil de pierre taillée, même le plus simple, exige beaucoup de talent. Et n'importe quel fabricant d'outils de pierre taillée se distingue fortement de tous les grands singes étudiés à ce jour.

La façon dont nos premiers précurseurs ont acquis cette capacité relève malheureusement de la conjecture. Il semble raisonnable de penser que cette percée décisive ne s'est pas faite en un jour et qu'elle a dû être précédée par différentes techniques plus simples, par exemple celles que nous observons chez les chimpanzés. Mais, très franchement, nous n'avons aucune idée de ce que ces premières techniques ont pu être, bien que différentes possibilités soient explorées, la plupart du temps à travers l'étude des grands singes, tant captifs qu'en liberté.

Si nous en savons peu sur la façon dont sont apparus les premiers fabricants d'outils de pierre taillée, savons-nous au moins *qui* ils étaient ? Pas vraiment. En 1964, Louis Leakey et ses collègues ont attribué à une nouvelle espèce, nommée par eux *Homo habilis*, les hominidés de faible corpulence dont les fossiles avaient été découverts dans les niveaux inférieurs de la gorge d'Olduvai. Mais, depuis, l'affaire s'est considérablement compliquée. Les fossiles d'Olduvai, qui ont un peu moins de 2 millions d'années, ont été trouvés au côté d'outils oldowayens grossiers (les plus anciens à être identifiés comme tels). Et c'est en raison de l'association supposée entre les deux découvertes que les fossiles ont été rangés dans l'espèce *Homo* (l'idée que l'homme se définissait avant tout comme un fabricant d'outils connaissait alors une grande vogue) et nommés *habilis*. Dès le début, certains ont refusé de reconnaître cette nouvelle espèce, la plus ancienne à mériter d'être dite *Homo*. Ensuite ont été découverts d'autres fossiles, datant de la période située entre 2,5 et 1,8 millions d'années, qui se trouve être précisément celle des premiers outils trouvés en Afrique ; nombre d'entre eux ont été identifiés comme appartenant à *Homo habilis* et à d'autres espèces d'*Homo* primitif. Aujourd'hui, cependant, on dispose d'une telle variété de spécimens dans cette catégorie que personne ne peut dire avec certitude combien d'espèces elle recouvre. De fait, on y rencontre de si grandes différences dans la taille du cerveau et des dents et dans l'anatomie générale du squelette que la tendance la plus récente est de refuser à tous ou à la plupart la classification dans le genre *Homo* et de n'y voir que des australopithèques. J'adhère plutôt à ce point de vue, mais je remarque qu'en faisant ainsi le ménage dans le concept d'*Homo* on accroît encore la pagaille dans celui d'*Australopithecus* (voir l'illustration p. 119). Qui plus est, il n'y a pas d'association réellement sûre entre un hominidé fossile et les premiers outils de pierre taillée. La plus vraisemblable de toutes se trouve dans la région de Bouri, en Éthiopie, où des ossements entaillés datant de 2,5 millions d'années ont été découverts assez près de fossiles plutôt fragmentaires attribués à une espèce nouvelle, *Australopithecus garhi*. Les auteurs de cette découverte n'ont pas manqué de préciser qu'il fallait distinguer entre proximité et association ; mais, comme je vais l'exposer plus loin, il semble actuellement raisonnable de conclure que, si nous savions exactement qui ils étaient, nous rangerions plus volontiers les premiers fabricants d'outils parmi les australopithèques que dans le groupe *Homo*.

Les fragments de squelette disponibles, quoi qu'on puisse penser de leur valeur, indiquent que les premiers fabricants d'outils possédaient une structure corporelle assez archaïque. Un squelette partiel et en très mauvais état découvert dans une couche profonde à Olduvai et attribué à *Homo habilis* montre que son possesseur présentait des proportions très proches de celles d'*Australopithecus* ; des os de membres trouvés sur plusieurs sites du Kenya, vieux d'un peu moins de 2 millions d'années, vont dans le même sens. De plus, sur aucun site datant de plus de 2 millions d'années (époque à laquelle les premiers outils de pierre taillée ont été fabriqués) on ne trouve quoi que ce soit qui permette de supposer la présence d'hominidés dotés d'une structure corporelle moderne. Il nous faut donc conclure, au moins provisoirement, que la technique de la pierre taillée est attribuable à l'intellect d'hominidés archaïques, de petite taille, possédant probablement un cerveau d'un volume limité. Rien de tout cela ne devrait nous surprendre, surtout si nous voulons bien oublier le discours convenu sur « l'homme, fabricant d'outils ». Après tout, et c'est une considération cruciale, toute innovation, qu'elle soit physique ou technique, doit apparaître au sein d'une espèce préexistante, car de quoi d'autre pourrait-elle provenir ?

L'apparition de la structure corporelle moderne

En dépit de la très grande variété régnant chez les australopithèques, ces hominidés ont toujours affiché une structure corporelle assez constante, la plus avantageuse dans leur habitat favori, à la lisière des forêts, et dans les autres environnements où il leur arrivait de s'aventurer. Cependant, une étonnante découverte faite vers le milieu des années 1980 sur un site du nord du Kenya est venue prouver, sans équivoque possible, l'entrée en scène d'un nouveau type d'hominidé. Peu auparavant, on avait mis au jour, dans la région qui borde le lac Turkana, des crânes datant d'environ 1,9 million d'années à qui personne ne refusait la classification dans le genre *Homo*. Alors que les australopithèques avaient de petits crânes (à peu près du même volume que celui des grands singes) et, accroché à cette boîte crânienne réduite, un gros visage, les nouveaux hominidés kenyans, avec leurs visages plus petits et leurs crânes plus gros, avaient des proportions se rapprochant davantage de celles de l'homme. Leur cerveau atteignait 800 cm^3, voire plus, ce qui n'est que la moitié du volume moderne moyen mais reste très supérieur aux 350-500 cm^3 des australopithèques. Là encore, bien qu'une certaine variété régnât dans les spécimens de crânes découverts, personne n'hésitait à tous les ranger dans le genre *Homo*. Mais il n'y avait pas grand-chose d'autre à dire sur ces nouveaux hominidés, notamment parce qu'ils ne semblaient pas associés à une quelconque avancée en matière d'outillage lithique ou de technique de dépeçage. Ils utilisaient en effet les mêmes instruments que leurs prédécesseurs 500 000 ans plus tôt, si bien qu'il était difficile d'en déduire que l'acquisition d'un cerveau plus gros était liée à une amélioration notable de leur mode de vie.

Tout a changé, et de façon spectaculaire, avec la découverte retentissante, sur les rives du lac Turkana, du squelette d'adolescent dont nous avons déjà parlé, le « Turkana Boy ». Vieux de 1,6 million d'années, il est presque complet (rappelons qu'il ne lui manque que les mains et les pieds). Non seulement les découvertes de squelettes aussi bien conservés sont très rares, mais celui-là était absolument différent de tout autre hominidé connu. Alors que les premiers hominidés avaient un petit corps (de 1 à 1,5 mètre), celui de ce jeune garçon mesurait déjà 1,61 mètre, ce qui signifie qu'il aurait atteint 1,80 mètre s'il avait vécu jusqu'à la fin de sa puberté. Et, hormis sur quelques points de détail, la structure de son corps était entièrement moderne. Autre trait intéressant : ses membres étaient allongés et très fins, exactement comme ceux des populations qui vivent de nos jours dans les zones torrides et pratiquement dépourvues d'arbres bordant le lac Turkana. Cet individu n'était pas une transition entre l'australopithèque et nous : tous les traits essentiels de la taille et de la morphologie humaines étaient déjà présents. De plus, aucun exemple de ces nouveaux traits ne figurait dans les archives paléontologiques antérieures.

En dépit de l'absence apparente de traces de progrès technique au voisinage du squelette, celui-ci nous renseigne sur les changements intervenus dans la manière de vivre de nos précurseurs. Pour la première fois, nous sommes en présence d'un hominidé qui est parfaitement à son aise dans une savane torride et sans ombre, loin des forêts protectrices. Il ne s'agit pas d'un simple raffinement du thème de l'australopithèque, mais d'une créature entièrement nouvelle. Bâti pour supporter la chaleur, grand, doté de longs membres, l'adolescent du lac Turkana est le premier hominidé dont nous savons avec certitude qu'il avait quitté l'ancien habitat en lisière des forêts. Une fois cet acte d'émancipation accompli, les hominidés commencent à avoir la bougeotte : de fait, aussitôt après l'apparition de cette nouvelle espèce, nous avons des traces indubitables de la pénétration des hominidés dans des territoires situés hors d'Afrique, jusqu'au fin fond de l'Asie.

Comprendre ce nouveau phénomène nous oblige à admettre que, dans le processus de l'évolution, des réorganisations physiques radicales peuvent être parfois le produit de modifications génétiques relativement mineures, comme nous l'avons déjà précisé. Malheureusement, s'il est vrai que l'adolescent du lac Turkana est plus que le résultat d'un simple bricolage de la nature autour d'un thème préexistant, le tableau d'ensemble n'est pas aussi clair que nous le souhaiterions. Ainsi, la structure de son crâne et celle de sa denture ne sont pas absolument identiques à celles des spécimens de la même région âgés de 1,9 à 1,7 million d'années et relevant incontestablement du genre *Homo* (et d'ailleurs, on l'a dit, très variés). À bien des égards, l'adolescent est très différent d'eux. Il semble donc évident qu'une fois *Homo* apparu la nature a procédé à ses habituelles spéciations et expérimentations. Pour nous, paléontologues, qui voudrions en savoir plus, c'est une malchance que ce jeune garçon soit le seul individu de sa catégorie pour lequel nous disposions d'une association claire entre le crâne et le reste du squelette. Ainsi, nous ne pouvons que supposer, sans en avoir l'absolue certitude, que des crânes célèbres (comme celui qui a reçu le nom peu imaginatif de ER 3733 [1] et d'autres spécimens souvent considérés comme appartenant à une espèce baptisée *Homo ergaster*) ont possédé un corps à peu près semblable au sien. Tout ce que nous pouvons dire, c'est qu'il y a environ 1,6 million d'années un « saut » sans précédent dans la structure du corps a eu lieu chez nos précurseurs.

Pour le moment, et c'est fâcheux, il nous est même impossible de formuler des hypothèses intelligentes sur l'origine de cette nouvelle structure. Bien que l'adolescent du lac Turkana et d'autres spécimens appartenant incontestablement au genre *Homo* aient dû trouver leurs origines quelque part chez les australopithèques (les seuls candidats raisonnables à la position d'ancêtres), nous sommes actuellement tout à fait incapables d'en dire plus. Et bien que je répugne beaucoup à l'admettre, aucun des australopithèques connus jusqu'ici ne fait un candidat par-

---

1. E pour « East » et R pour « Rodolphe », ancien nom du lac Turkana *(NdT)*.

ticulièrement bon à cette fonction d'ancêtre d'*Homo* au sens strict.

Les grands traits des débuts de l'évolution humaine

En considérant les 3 premiers millions d'années de l'évolution humaine, nous constatons que les changements réellement significatifs ont été épisodiques, voire très rares. Rien dans les archives paléontologiques ne penche en faveur d'un perfectionnement lent et progressif d'un ou de plusieurs traits. À l'origine de chaque groupe majeur nous nous attendons à trouver une innovation importante ouvrant la voie au développement ultérieur : dans le cas des hominidés, cette innovation semble être le recours à la station debout, sans que l'on sache s'il s'est imposé pour la locomotion ou à d'autres fins. La bipédie s'est révélée une réussite : elle a servi de plate-forme à la production de nombreuses espèces nouvelles, qui sont restées stables pendant de très longues périodes. Nous ignorons quand cette innovation est apparue et nous ne connaissons rien de la morphologie des premiers organismes qui l'ont pratiquée, mais il est raisonnable de supposer que les modifications anatomiques qu'elle implique sont le résultat d'une modification mineure au niveau génétique. Ce que nous savons avec certitude, cependant, c'est que ces innovations sont survenues tôt. De plus, dans l'état actuel de nos connaissances, nous pouvons affirmer qu'elles n'ont apparemment pas subi de grandes améliorations pendant une longue période, la nature se contentant d'opérer de petits bricolages anatomiques qui ont engendré une grande variété d'espèces en différentes régions du continent africain.

L'invention de l'outil de pierre taillée est, à l'évidence, une date marquante de l'histoire humaine, mais elle est postérieure de quelque 2 millions d'années à l'adoption de la bipédie et on ne lui trouve guère de signes avant-coureurs (il faut dire que les archives sont très lacunaires). Étant donné que c'est tout un ensemble d'innovations dans les capacités cognitives et manuelles qui a conditionné l'apparition de cette technique, il peut sembler surprenant qu'au cours du million d'années qui a suivi peu de choses aient changé. La capacité de trancher un objet dur a ouvert des possibilités absolument inédites et a été exploitée avec succès, mais, une fois la technique installée, il fallut attendre très longtemps avant qu'elle soit perfectionnée : ce n'est qu'un million d'années plus tard qu'un nouveau concept d'outil est apparu. Mais celui-là était révolutionnaire : il ne s'agissait plus de chercher à obtenir une capacité (celle de trancher) grâce à une lamelle de pierre dont la forme exacte importait peu, mais de produire un outil plus gros, en forme de poire, travaillé symétriquement sur ses deux faces et de forme standardisée : le biface. Ce nouveau type d'outil a lui aussi duré très longtemps avant d'être à son tour remplacé. Ainsi, l'histoire de la technologie des hominidés, pas plus que l'histoire de leur anatomie, n'a pas été celle d'une amélioration lente et progressive. Apparemment, une bonne idée, où qu'elle surgisse, est une bonne idée, et si elle doit être remplacée par une autre, celle-ci doit être vraiment excellente. À moins que, dans la préhistoire humaine, les bonnes idées aient été rares et très éloignées dans le temps les unes des autres... Quoi qu'il en soit, les archives paléontologiques montrent que les innovations vraiment importantes sont sporadiques, aussi bien dans le temps que dans l'espace.

Le fossé anatomique entre l'australopithèque et le premier *Homo* incontestable (tel l'adolescent du lac Turkana) est large. Et pourtant nous n'avons rien trouvé dans les archives paléontologiques de la période antérieure (au demeurant lacunaires) qui puisse être interprété comme l'ancêtre de l'adolescent. Oui, les australopithèques pratiquaient une forme de bipédie (il ne fait guère de doute que, dès le début, ces hominidés ont connu la station debout, la morphologie de leur pelvis l'atteste). Mais les premiers hominidés ne se comportaient pas du tout comme nous. En revanche, l'adolescent du lac Turkana est très clairement l'un de nous, une créature incontestablement capable de résister à de fortes chaleurs et de vivre loin des forêts. Une fois encore, une innovation majeure dans l'histoire des hominidés est apparue brusquement au lieu d'être le résultat d'une lente amélioration graduelle. Comme pour tous les autres grands changements dont nous avons parlé, aucun signe avant-coureur convaincant n'a annoncé l'imminence de la transformation. On pourra trouver réducteur de limiter la première moitié de l'évolution des hominidés à trois changements fondamentaux : la station debout occasionnelle, la fabrication d'outils, la locomotion régulière sur deux jambes. Mais il s'agit là d'innovations vraiment majeures. L'apparition d'*Homo sapiens* mise à part, aucun phénomène n'a eu un impact aussi fort sur l'histoire humaine. En parallèle, naturellement, la lente apparition de nouvelles espèces et la compétition qui les a opposées se sont poursuivies, avec des effets permanents sur le processus. Toutefois, au bout du compte, ce sont ces trois changements, ponctuels mais lourds de conséquences, qui ont vraiment fait la différence dans l'évolution des hominidés. Au niveau des individus, la tragique destinée de l'adolescent du lac Turkana – qui montre de la façon la plus exemplaire comment les innovations véritablement importantes interviennent au cours de l'évolution – nous rappelle combien était dure et courte la vie de nos prédécesseurs, et combien nous sommes désormais infiniment moins vulnérables aux dévastations de la nature, du moins si nous avons la chance de vivre dans le monde occidental.

Le diagramme de la page ci-contre est une interprétation des relations entre les différentes espèces d'hominidés fossiles connues à ce jour. Il est loin d'être définitif mais permet de visualiser la diversité des espèces d'hominidés sur la très longue durée. Il inclut également deux développements récents de la paléoanthropologie : l'ajout à la liste des hominidés d'une espèce découverte en 2000, *Orrorin tugenensis* (dit aussi « l'Homme du millénaire »), vieux de 6 millions d'années, ce qui en fait le premier à pouvoir prétendre au statut d'hominidé ; celui du genre et de l'espèce *Kenyanthropus platyops*, vieux de 3,5 millions d'années. La paléoanthropologie doit encore digérer la signification aussi bien du premier (que ses découvreurs prétendent voisin d'*Ardipithecus* et des australopithèques du rameau principal) que du second, à propos duquel on a avancé la même thèse. En dépit des grincheux qui assurent que *K. platyops* ne fait que brouiller le tableau, il est possible qu'il aide au contraire à clarifier les choses, car il pourrait venir étayer *Homo rudolfensis* (le crâne ER 1470), lequel, jusqu'ici, était considéré comme une anomalie. Quoi qu'il en soit, la position attribuée sur le diagramme à ces fossiles récemment découverts est des plus provisoire car elle repose avant tout sur l'intuition.

(Illustration réalisée par Bridget Thomas.)

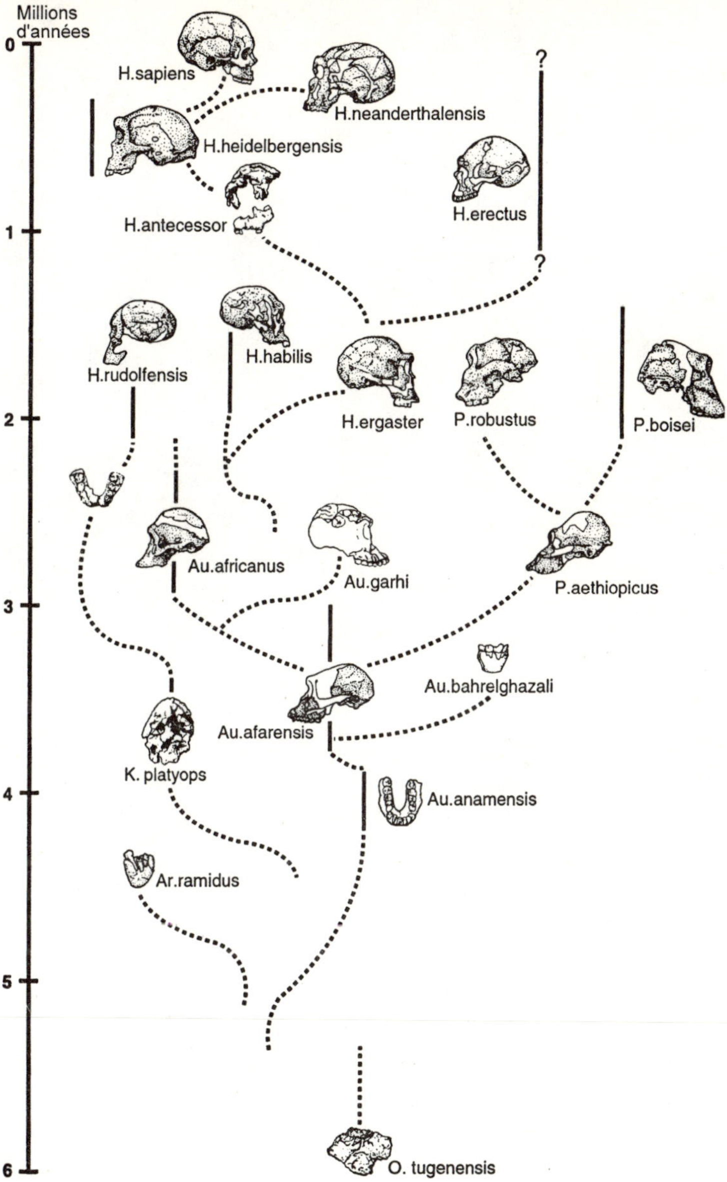

Millions d'années
0
1
2
3
4
5
6
H.sapiens
H.neanderthalensis
H.heidelbergensis
H.erectus
H.antecessor
?
?
H.rudolfensis
H.habilis
H.ergaster
P.robustus
P.boisei
Au.africanus
Au.garhi
P.aethiopicus
Au.bahrelghazali
Au.afarensis
K. platyops
Au.anamensis
Ar.ramidus
O. tugenensis

Chapitre 5

L'énigme des Néandertaliens

Neandertal. Peu de mots sont aussi évocateurs. Mais combien d'entre nous peuvent-ils dire avec précision ce que recouvre ce nom magique ? Pour certains, Neandertal est à peu près synonyme de ténèbres et de bestialité. Mais de nombreux chercheurs ont consacré toute leur carrière à démontrer que cette espèce humaine éteinte était une simple variation sur le thème *Homo sapiens*. Certains voient dans les Néandertaliens les victimes des humains modernes, les hommes de Cro-Magnon, qui ont envahi leur territoire, en Europe et en Asie, il y a quelque 40 000 ans ; pour d'autres, ils seraient, au moins partiellement, les ancêtres des Européens d'aujourd'hui. Certains estiment que les archives archéologiques dont nous disposons attestent de leurs capacités intellectuelles et de leur créativité ; d'autres pensent, en revanche, qu'il leur manquait cette étincelle créatrice qui distingue le moderne *Homo sapiens*. Quelle que soit l'hypothèse envisagée, l'histoire des Néandertaliens est dramatique, un drame mis en valeur par la richesse des traces qui nous restent d'eux. Où trouver la vérité sur les Néandertaliens ? Il serait présomptueux de prétendre avoir, aujourd'hui, une réponse à peu près définitive à la question. Mais, en tentant d'y répondre ici, il faut garder à l'esprit que les Néandertaliens n'étaient en aucun cas un phénomène isolé, venu de nulle part. En fait, comprendre ces hominidés exige de plonger dans un passé où eux-mêmes n'existaient pas.

On suppose que des êtres humains possédant une structure corporelle fondamentalement moderne sont apparus en Afrique il y a environ 1,8 million d'années. Peu de temps après, cependant, ce continent, qui est le berceau de l'humanité et fut son seul habitat pendant près de 2 millions d'années, perd (au moins temporairement) sa place centrale dans les archives de l'évolution humaine, et cela pour deux raisons. D'abord sous l'effet d'un accident géologique qui, il y a 1,4 million d'années, raréfie sur le sol africain le type de roche susceptible de contenir des fossiles d'hominidés. Ensuite parce que les hominidés ont commencé à quitter l'Afrique il y a environ 1,8 million d'années – la date relève de l'hypothèse, mais elle correspond bien à la période que nous pensons être celle où la structure moderne du corps est apparue, ainsi qu'aux datations qui se sont lentement accumulées ces dernières années pour attester la présence d'hominidés dans le Caucase et dans certaines régions de l'Orient. Il y a donc fort à parier que la diaspora initiale à partir de l'Afrique a été étroitement liée à un nouveau mode de vie grâce auquel les hominidés, de grande taille et ayant définitivement acquis le mode de locomotion bipède, pouvaient désormais quitter les milieux boisés auxquels leurs ancêtres étaient confinés, et dès lors se déplacer à leur convenance dans les savanes africaines et au-delà. Notre envie de voir le monde est née très tôt !

Mais si nous avons la preuve que ces hominidés venus d'Afrique sont allés rapidement aussi loin que l'Indonésie et l'est de la Chine, nous ne disposons de pratiquement aucune donnée sur leur présence précoce en Europe. Hormis quelques outils grossiers sur un site français[1], dont certains ont prétendu qu'ils dataient de plus de 2 millions d'années, et deux ou trois sites archéologiques en France et en Italie remontant peut-être (ou peut-être pas) à 1 million d'années, rien ne prouve que des hominidés ont vécu en Europe avant – 800 000 ans. Pour expliquer cette présence plutôt tardive, le facteur environnemental semble être la meilleure hypothèse. Les premiers hominidés à avoir quitté l'Afrique ne maîtrisaient, semble-t-il, que la technologie simple des outils de pierre taillée dits oldowayens, et ils n'étaient donc pas équipés pour affronter de dures conditions climatiques. Toutefois, alors que ceux qui se dirigeaient vers le nord rencontraient assez vite des climats froids, ceux qui bifurquaient vers l'est pouvaient s'y répandre sans quitter une zone subtropicale qui leur était plus familière et moins hostile. En tout état de cause, les premiers fossiles européens sont distants de 1 million d'années de la date à laquelle les hominidés ont commencé à quitter l'Afrique. Et encore, nous ne pouvons assurer que les spécimens fragmentaires vieux de 800 000 ans découverts sur le site espagnol de Gran Dolina puissent être qualifiés de « premiers Européens », au sens où ils appartiendraient à une population qui serait l'ancêtre direct des occupants ultérieurs de la région : ils ne sont peut-être que les représentants d'une tentative de colonisation avortée de la péninsule Ibérique. Leur morphologie n'est pas exactement celle des Européens ultérieurs, et les archives archéologiques et paléontologiques ne commencent à

1. Chilhac, en Auvergne (*NdT*).

prouver de façon régulière la présence d'hominidés sur ce continent que 300 000 ans après Gran Dolina.

Les apparentements des hominidés de Gran Dolina risquent de rester une énigme déroutante quelque temps encore, mais le tableau s'éclaircit pour la période postérieure à 500 000 ans. Quand mon collègue Jeffrey Schwartz et moi-même, il y a quelques années, avons commencé à étudier les archives disponibles sur la présence des hominidés en Europe, nous savions que nous rencontrerions une assez forte variété anatomique dans les fossiles répertoriés. Néanmoins, à la différence de ce que l'on observe en d'autres régions du globe en matière de diversité des hominidés, la variété que nous découvrions progressivement prenait assez vite une forme cohérente. Les mieux connus des anciens habitants de l'Europe, les Néandertaliens, sont des hominidés bien distincts mais dont le cerveau a le même volume que le nôtre. Cette espèce éteinte, baptisée *Homo neanderthalensis*, était très répandue en Europe et avait atteint, à l'est, les monts Altaï (dans le nord du Caucase) au cours d'une période comprise entre – 200 000 et – 27 000 ans.

Les paléoanthropologues savent depuis longtemps que certains des premiers hominidés d'Europe, bien que distincts des Néandertaliens, partageaient néanmoins avec eux quelques traits communs. En bons disciples de la théorie linéaire, ils les ont donc baptisés « pré-Néandertaliens » ou « proto-Néandertaliens », ce qui impliquait que tous ces hominidés s'inscrivaient dans une progression régulière. Mais la lecture que Schwartz et moi-même faisions des fossiles était quelque peu différente : loin de croire, comme certains, que ces hominidés représentaient une étape sur le chemin conduisant à *Homo neandertha-*

lensis au sens plein (itinéraire qui aurait pu, finalement, mener jusqu'à nous), nous avons conclu, au contraire, que plusieurs espèces d'hominidés étaient représentées dans les archives européennes et que toutes, en dernière analyse, descendaient d'un ancêtre commun – les Néandertaliens n'étant alors que les mieux connus et les derniers survivants des descendants de cet ancêtre.

Tout cela se tient parfaitement puisque c'est exactement ce à quoi nous devons nous attendre quand un nouveau groupe d'organismes colonise un territoire vierge et commence à en explorer toutes les possibilités. Et, bien que les détails soient assez confus, ce qui s'est passé chez les hominidés d'Europe relève du phénomène habituel de la « radiation adaptative », déjà étudié chez de nombreux groupes d'organismes. Le scénario est très simple : un hominidé ancestral a colonisé l'Europe il y a environ 500 000 ans et, dans cet environnement où aucun *Homo* n'était encore présent, il a fini par se scinder en diverses espèces, qui sont entrées en compétition les unes avec les autres. Il faut savoir que cette époque, marquée par des périodes glaciaires tous les 100 000 ans, présentait les conditions idéales pour l'apparition de nouvelles espèces. Comme l'habitat changeait régulièrement au gré des modifications climatiques, les populations humaines ont dû être périodiquement fragmentées et recombinées par l'effet de facteurs échappant totalement à leur contrôle, avec toutes les conséquences que j'ai exposées. Dans la lutte écologique qui s'en est suivie entre les nouvelles espèces d'hominidés installées sur le continent européen, il semblerait que l'une d'elles, *Homo neanderthalensis*, l'ait finalement emporté sur les autres.

Mais, rien n'étant éternel, on le sait, les Néandertaliens se sont trouvés à leur tour engagés dans une bataille écologique pour leur survie contre notre propre espèce, *Homo sapiens*, laquelle s'était développée quelque part hors d'Europe et avait commencé à se répandre sur leurs territoires il y a environ 40 000 ans. Ces envahisseurs bénéficiaient d'une anatomie moderne, ainsi que de toute la panoplie des comportements qui rendent notre espèce si remarquable. *Homo sapiens* est sans aucun doute une créature unique, non seulement par ses talents, mais aussi par sa dangerosité, et l'issue de la confrontation avec les Néandertaliens était inévitable. Reste que, *Homo sapiens* mis à part, *Homo neanderthalensis* est l'hominidé sur lequel nous possédons le plus grand nombre de documents, qu'il s'agisse de son anatomie ou de son comportement. Comme les Néandertaliens avaient un cerveau d'un grand volume et ont vécu dans la même région que certains de nos ancêtres au même moment de la préhistoire, l'interaction entre les deux espèces était inéluctable, et c'est cet extraordinaire concours de circonstances qui rend les Néandertaliens si fascinants. L'histoire a fait de ces cousins désormais éteints une précieuse référence pour découvrir ce qui fait de nous des créatures uniques – une quête peut-être teintée d'un léger sentiment de culpabilité...

Qui étaient donc les Néandertaliens ?

Identifier l'espèce à laquelle appartiennent les hominidés fossiles est souvent difficile. Les individus d'une même espèce diffèrent les uns des autres sur d'innombrables points de détail, et il n'est parfois pas aisé de distinguer ces menues variations de celles qui renvoient réellement à une différence d'espèce. C'est particulièrement vrai quand les fossiles disponibles sont épars et fragmentaires, ce qui est trop souvent le cas. Cependant, avec les Néandertaliens, ce genre de problème ne se pose pas ; en dépit des nombreuses proclamations contraires, il ne fait aucun doute que ces hominidés constituaient une espèce distincte. Et ils sont si bien connus que nous avons une idée très précise, en leur sein, des différences anatomiques entre individus. Aussi, même ceux qui voudraient faire des Néandertaliens une sous-espèce de la nôtre (appelée *Homo sapiens neanderthalensis*) n'ont aucune difficulté à distinguer un fossile d'homme de Neandertal d'un fossile d'homme moderne.

Entre autres traits caractéristiques des Néandertaliens, leur gros cerveau, voisin du nôtre, est logé dans un crâne allongé et comparativement plus étroit, bombé sur les côtés. L'arcade sourcilière se distingue par ses deux épais bourrelets osseux qui forment une arche double au-dessus des orbites. La face se projette en avant d'une manière marquée mais, vue d'en haut, elle forme un coin, avec une zone nasale forte et proéminente (contenant certaines structures uniques) et des maxillaires qui se détachent de façon spectaculaire. L'arrière du crâne présente une protubérance, avec une curieuse petite dépression au milieu. Toutes ces caractéristiques, et bien d'autres, distinguent les Néandertaliens des humains modernes, dont le crâne est moins allongé, non bombé sur les côtés, arrondi sur sa face postérieure, avec un visage plus réduit dans le prolongement direct de la boîte crânienne. Notre front est vertical et notre arcade sourcilière, quand elle est marquée, est divisée en une section médiale et une section latérale. Bref, d'un point de vue anatomique, les Néandertaliens sont nettement différents de nous et, ce qui est tout aussi important, nettement différents de tous les autres hominidés connus, même s'ils partagent *certains* traits avec leurs cousins d'Europe. Tout cela conduit à conclure qu'il n'y a pas pu avoir interfécondation entre les Néandertaliens et les humains modernes qui sont arrivés sur leurs territoires il y a environ 40 000 ans, et cette déduction influe fortement sur les scénarios imaginables de ce qui s'est produit alors.

Nous ne savons pas avec précision d'où venaient les Néandertaliens. Mais la documentation fossile et ce que l'on peut déduire des molécules récemment extraites du premier spécimen découvert dans la vallée de Neandertal, en Allemagne, en 1856, ou d'autres ossements néandertaliens, donnent des résultats très concordants sur les grandes lignes de leur origine. La lignée qui a abouti à *Homo neanderthalensis* est apparue quelque part sur le continent européen (au sens large) il y a environ 500 000 ans, voire un peu plus tôt. Pendant les premiers temps de leur présence en Europe, les ancêtres des Néandertaliens, au cours de leur exploration de l'environnement, ont dû entrer en compétition avec des espèces apparentées. Autour de 200 000 ans, date à laquelle les archives paléontologiques nous livrent les premiers fossiles typiquement néandertaliens, la compétition semble être éteinte, et tous les fossiles européens de la période postérieure s'inscrivent sans difficulté dans l'espèce *Homo neanderthalensis*. On a souvent prétendu que ces habitants des latitudes nord étaient « adaptés au froid » et supportaient donc assez bien le climat souvent rude de ces régions. La vérité est que nous n'avons aucune idée précise du type d'environnement dans lequel sont apparus les Néandertaliens. À l'époque, le climat de l'Europe était soumis au cycle des périodes glaciaires : la calotte arctique gagnait en étendue environ tous les 100 000 ans, ce qui se traduisait par une baisse de la température sur l'ensemble de la planète, puis celle-ci remontait, entraînant une régression de la calotte polaire. Mais ces changements climatiques présentaient toujours des oscillations, tantôt mineures, tantôt marquées. Il nous faudrait savoir avec une grande précision où et quand les Néandertaliens sont apparus pour situer cet événement dans le cycle des glaciations, mais nous en ignorons tout. En revanche, ce que nous *pouvons* dire avec certitude, c'est que les créatures d'ores et déjà identifiables comme des Néandertaliens ont connu non seulement les périodes les plus froides du cycle, mais aussi des épisodes plus chauds qui ressemblent à notre climat actuel. Le jury doit donc écarter la question de savoir si l'adaptation au froid faisait ou non partie des atouts décisifs de l'espèce.

Les techniques des Néandertaliens

Les premiers hominidés trouvés en Europe ne maîtrisaient qu'une technique assez primitive du travail de la pierre : le plus ancien outillage lithique découvert sur le sol européen n'est guère plus impressionnant que celui de leurs lointains précurseurs sur le sol africain 2 millions d'années plus tôt. Mais voilà qu'entre – 300 000 et – 200 000 ans, les archives paléontologiques européennes révèlent une innovation majeure, peut-être importée : on voit apparaître un outil dont la fabrication exige une préparation préalable de la pierre. Récapitulons brièvement les étapes antérieures : en Afrique, il y a 1,5 million d'années, l'outillage dit « oldowayen » s'était vu complété par un outil promis à un énorme succès, la hache dite « acheuléenne » (avec ses dérivés), faite d'un caillou de taille conséquente (lui-même peut-être issu d'un plus gros), soigneusement travaillé sur les deux faces jusqu'à obtention de la forme d'une larme. Bien que le terme « Acheuléen » vienne du nom d'un site français (Saint-Acheul, dans la Somme, où les premiers bifaces ont été trouvés au XIXe siècle), ces outils mirent beaucoup de temps à se répandre en Europe, et n'y parvinrent pas dans toute l'Asie. Peu de temps après l'introduction de l'Acheuléen en Europe, cependant, nous découvrons dans les archives des outils fabriqués à partir d'une pierre préalablement préparée ; et même si ce nouvel outillage n'était pas une invention des Néandertaliens, il est rapidement devenu leur signe distinctif dans le cadre de la culture du Moustérien (du nom du site du Moustier, un abri sous roche situé en Dordogne).

Ce nouveau type d'outil a représenté un véritable bond en avant dans la technique mais aussi dans les capacités cognitives. Alors que les fabricants d'outils oldowayens cherchaient seulement à obtenir des éclats de pierre pointus sans se soucier de leur forme, que ceux de l'Acheuléen martelaient patiemment leur pierre jusqu'à ce que la forme désirée apparaisse, le technicien du Moustérien exécutait sur une pierre (dite « nucleus ») un travail préparatoire pour lui donner une forme déterminée, de sorte qu'il suffisait ensuite d'un seul coup de percuteur pour que s'en détache une lamelle de la taille et de la forme voulues [1].

1. C'est la technique dite « Levallois », du nom de la banlieue parisienne où les premiers outils de ce type ont été découverts au XIXe siècle (*NdT*).

Chacune de ces lamelles était déjà presque un outil fini, avec une arête tranchante sur toute la périphérie, et pouvait faire l'objet de retouches complémentaires au gré des besoins. Si la pierre utilisée avait des qualités particulières (comme le silex ou le chert, par exemple), les outils pouvaient être périodiquement aiguisés, ce qui accroissait l'apparente variété de leurs formes, et a conduit les archéologues à commettre bien des erreurs dans leurs estimations du nombre d'outils différents fabriqués selon la technique moustérienne, qui régnait en Europe il y a environ 200 000 ans.

Bien que l'outillage lithique constitue, à l'évidence, un reflet très indirect de la vie menée par ceux qui le fabriquaient, il représente l'essentiel de ce dont nous disposons pour la connaître. L'étudier de près se révèle néanmoins instructif. L'analyse des traces d'usure sur les outils trouvés sur les sites moustériens laisse supposer qu'ils étaient utilisés, entre autres, pour gratter les peaux et façonner le bois. Le bois constituait probablement une importante ressource pour les Néandertaliens mais, malheureusement, il est très rare qu'il se conserve pendant des millénaires. Néanmoins, une récente et sensationnelle découverte sur le site allemand de Schöningen, datant de – 400 000 ans (donc pré-néandertalien), révèle le type de travail du bois qu'ont pu connaître les Néandertaliens. Des lances de bois miraculeusement préservées ont été retrouvées ; certaines peuvent atteindre 1,8 mètre, avec une pointe soigneusement durcie à la flamme. Le centre de gravité est situé à l'avant, comme dans le javelot moderne. Il s'agissait donc d'armes destinées à être lancées, et non à donner des coups, ce qui implique que leurs fabricants pratiquaient déjà une forme de chasse assez savante, bien plus complexe en tout cas que nous ne l'aurions supposé pour une époque aussi reculée.

La période située autour de – 400 000 ans révèle d'autres nouveautés. On pense que, vers cette époque, le site de Terra Amata, près de Nice, a vu s'ériger des huttes, lesquelles auraient même abrité des foyers pour le feu. On dispose de vestiges allant dans le même sens, à peine plus tardifs (– 350 000 ans), sur le site allemand de Bilzingsleben. Au cours de la période néandertalienne proprement dite, quelques rares preuves (mais en nombre croissant) indiquent que ces hominidés éteints étaient capables de construire des structures couvertes de peau sur les sites qu'ils occupaient. Ces sites, il est intéressant de le noter, étaient fort désordonnés : outils, ossements et autres détritus gisaient çà et là. Le type d'organisation des lieux de vie spécifique à *Homo sapiens* est rare chez les Néandertaliens, même si, dans la caverne de Kebara, en Israël, on repère clairement la zone réservée au feu et celle réservée à la fabrication des outils, les ossements d'animaux consommés étant jetés au fond de la grotte.

Le mode de vie des Néandertaliens

On a beaucoup débattu sur les talents de chasseurs des Néandertaliens. Même s'il semble établi que les techniques de chasse sophistiquées maîtrisées par *Homo sapiens* lui appartiennent en propre, cela ne signifie pas que toutes les espèces antérieures d'hominidés se signalaient par leur balourdise dans ce domaine. Les données relatives à l'outillage moustérien montrent que les activités économiques des Néandertaliens variaient en fonction du temps et de la géographie, ce qui est exactement ce à quoi l'on peut s'attendre dans une période de fortes variations du climat. Puisqu'ils vivaient sur une aire géographique très vaste et d'une topographie très diverse – allant du Levant, au sud, jusqu'au pays de Galles, au nord, et de l'Altaï, à l'est, jusqu'à la côte atlantique, à l'ouest –, il n'est guère surprenant qu'il soit difficile d'identifier un mode de vie « typiquement » néandertalien. Si l'on tient absolument à généraliser, voici ce que l'on peut dire : il est vraisemblable qu'à la différence des chasseurs-cueilleurs modernes, qui contrôlaient soigneusement les ressources de leur environnement, les Néandertaliens se contentaient d'exploiter ce qui leur tombait sous la dent au long de leurs trajets quotidiens. Mais ceci pèche peut-être par excès de simplification, et la vérité est que nous en savons très peu sur la manière dont ils accumulaient les ressources animales dont les ossements jonchent leurs sites. Prenons le cas d'un site italien qui a abrité des Néandertaliens à deux reprises, une première fois il y a 120 000 ans, une seconde il y a 50 000 ans : les archéologues considèrent que, vraisemblablement, ceux de la première période étaient des charognards et ceux de la seconde des chasseurs. Si l'on en juge par la nature des ossements correspondant aux deux périodes, cette conclusion semble raisonnable, mais, depuis la découverte de Schöningen, nous avons de fortes raisons de penser que les Néandertaliens (successeurs des hominidés ayant occupé ce site) étaient également capables de chasser les animaux au moyen de pièges. Le jury, malheureusement, restera sur sa faim en ce qui concerne les méthodes de subsistance des Néandertaliens et leur possible amélioration avec le temps. Tout ce que l'on peut raisonnablement supposer, c'est que, même si les ossements, traces d'une alimentation carnivore, ont mieux survécu (et certaines analyses isotopiques récentes montrent que la viande apparaissait fréquemment dans leur régime), il est probable que la consommation de végétaux constituait une part notable de leur alimentation, comme cela a été le cas dans toutes les sociétés postérieures, plus spécialisées, de chasseurs-cueilleurs. Ces considérations mises à part, il semble néanmoins acceptable de conclure que le mode de vie des Néandertaliens était très différent du nôtre. Ce qui ne veut pas dire qu'il n'était pas efficace : longtemps, les Néandertaliens ont connu une belle réussite, et cela sur une large étendue de la planète ; et notre mode de vie n'est certainement pas le seul moyen existant pour s'en tirer sur cette terre.

La mort chez les Néandertaliens

Si nous savons tant de choses sur les Néandertaliens, c'est en partie grâce au fait qu'ils enterraient parfois leurs morts. Les premiers Néandertaliens sont beaucoup moins bien connus que les plus récents, et on les trouve généralement dans des environnements très distincts ; cette différence tient probablement au fait que la tendance à donner aux morts une sépulture (laquelle accroît les chances de survie des squelettes) est propre aux Néandertaliens les plus tardifs. Personne ne peut dire à quelle époque la pratique consistant à enterrer les morts a été inventée (ni par qui : certaines des sépultures les plus anciennes ont été découvertes dans le Levant et les ossements qu'on y a trouvés n'appartiennent pas à l'espèce *Homo neandertha-*

lensis), mais c'est certainement chez les Néandertaliens que l'inhumation est devenue une pratique au moins occasionnelle. Une fois introduite, elle a dû devenir plus commune avec le temps.

Ce que l'inhumation *signifiait* pour les Néandertaliens est une autre affaire. À nos yeux, ce rituel – presque universel chez les humains modernes, sous une forme ou une autre – est chargé de connotations douloureuses, d'un sentiment de perte, et il est très souvent associé à l'idée que la mort est le passage vers une autre vie. Si vous êtes capable d'éprouver des émotions d'ordre spirituel, rien de tel que des funérailles pour les provoquer. Mais il ne s'ensuit pas forcément que l'inhumation ait toujours relevé de ce type d'affect. N'oublions pas que les Néandertaliens trouvaient souvent un abri dans des cavernes qui étaient également appréciées par les animaux carnivores et les charognards : l'inhumation des morts était peut-être une manière de décourager leurs incursions. À moins que cela n'ait été qu'un moyen très pragmatique d'évacuer d'un lieu de vie précieux des cadavres dont la décomposition était pénible. Ou peut-être encore l'opération avait-elle à voir avec d'obscures émotions, avec une certaine douleur de la perte. Aucune de ces motivations n'est nécessairement liée à ce que nous appelons « spiritualité ».

L'une des raisons pour supposer que la dimension spirituelle était absente tient à la nature même de ces sépultures. Les premiers humains modernes, presque partout sur la planète, enterraient avec le cadavre des objets symboliques décorés ou de simples objets de la vie quotidienne dont ils pensaient qu'ils seraient utiles au défunt dans son autre vie. Aucune sépulture néandertalienne ne contient rien de semblable : les outils de pierre taillée ou les fragments d'os qu'on y découvre à l'occasion se trouvaient probablement sur le sol de la caverne et ont été enfouis avec le cadavre accidentellement. Il est vrai qu'on a trouvé, dans le Levant, deux ou trois cadavres enterrés (datant de la période moustérienne) qui semblent agripper un os d'animal, mais les individus en question n'étaient pas des Néandertaliens et, de toute façon, il est difficile de se prononcer sur le sens de ces ossements. Ce qui est sûr, c'est qu'aucun objet ouvertement symbolique n'est présent. Pour en trouver, il faut attendre l'arrivée de l'*Homo sapiens* moderne, qui remplace les Néandertaliens en Europe. Chez les membres de cette espèce, le symbolique était constamment présent, dans la vie comme dans les pratiques funéraires. L'exemple le plus célèbre de sépulture « élaborée » ancienne est celui de Sungir, en Russie, où, il y a environ 30 000 ans, un adulte mâle et deux adolescents ont été enterrés avec soin, entourés d'une variété étonnante d'objets décoratifs ou usuels. L'adulte, par exemple, portait une tunique sur laquelle avaient été cousus d'innombrables fragments de défense de mammouth.

Mais la découverte qui nous en dit peut-être le plus sur la dimension affective dans la vie des Néandertaliens, c'est celle, dans une caverne de Shanidar, en Irak, du squelette d'un mâle âgé qui avait un bras atrophié (peut-être de naissance). Dans le monde si dur des Néandertaliens, il est peu probable qu'un individu souffrant d'un tel handicap ait pu survivre sans le soutien constant du groupe, ce qui implique un certain degré de solidarité communautaire. Shanidar abrite aussi la célèbre « sépulture des fleurs », ainsi appelée parce que les ossements retrouvés (ceux d'un homme) se sont révélés riches en pollen de fleurs printanières. Si plusieurs raisons peuvent expliquer la présence de pollen dans cette caverne, l'une d'entre elles est que le cadavre aurait été étendu sur un lit de fleurs, lesquelles représenteraient donc, dans le monde néandertalien, ce qui se rapproche le plus d'un objet funéraire symbolique.

Les hommes de Cro-Magnon

Résumons-nous : les Néandertaliens sont un groupe d'humains primitifs à gros cerveau qui a connu une réussite manifeste et dont le mode de vie et les techniques étaient au moins aussi sophistiqués que ceux des espèces antérieures. On peut même dire qu'à bien des égards ces hominidés étaient dignes d'admiration, et qu'ils ont traversé sans difficulté apparente des époques au climat très rude. Pourtant, quel contraste avec *Homo sapiens*, l'envahisseur, plus connu sous le nom d'homme de Cro-Magnon, quand il vient brutalement leur disputer le sol européen il y a environ 40 000 ans ! Si abondantes que soient nos archives paléontologiques et archéologiques sur les Néandertaliens, on n'y trouve rien de convaincant sur leur accès au symbolique. Certes, parmi les restes d'hominidés découverts à Bilzingsleben (Allemagne) et remontant à 350 000 ans figurent telle plaque curieusement striée, telle autre polie, dans lesquelles certains ont voulu voir une expression symbolique. Mais même dans l'hypothèse (peu vraisemblable) où ces marques seraient intentionnellement chargées d'une dimension symbolique, elles se signalent par leur caractère rudimentaire et surtout par le fait qu'elles sont l'exception, non la règle. Autant que nous puissions en juger d'après les fossiles disponibles, le symbolique ne semble donc pas avoir été une constante dans la vie des Néandertaliens. Les hommes de Cro-Magnon, à l'inverse, baignaient en permanence dans le symbolique. Impossible de dire avec certitude d'où ils venaient, bien que l'on penche généralement pour une origine africaine. Ce qui est sûr, en revanche, c'est qu'au moment où ils sont arrivés en Europe ils avaient acquis une sensibilité que l'on peut qualifier de « moderne », même si penser que leurs croyances rejoignaient en quoi que ce soit notre vision du monde en ce début de XXIe siècle serait une grave erreur.

À la différence de tous les hominidés antérieurs connus, les hommes de Cro-Magnon, il y a 30 000 ans, réalisaient de merveilleuses sculptures, révélant d'étonnantes capacités d'observation de la nature et l'art d'en styliser la représentation – ces talents se retrouvent dans les spectaculaires peintures multicolores dont ils couvraient les murs de certaines cavernes. Ils faisaient de la musique à l'aide d'instruments à vent assez complexes et aussi, probablement, de percussions. Ils gravaient des notations sur des plaques d'os, qui constituaient clairement des sortes de registres. Comme nous l'avons vu, ils donnaient souvent à leurs morts des sépultures très élaborées. Ils paraient leurs corps (morts ou vivants) de bracelets, de colliers, de boucles d'oreilles et de toutes sortes d'objets ornementaux, et décoraient certains ustensiles de la vie quotidienne, comme les manches de grattoir. Sur le plan des techniques, alors que les Néandertaliens en étaient restés aux outils de pierre taillée (tout en ayant recours, pour les fabriquer, à des percuteurs en os ou en bois de cervidé), les hommes de Cro-Magnon appréciaient les matériaux moins durs, dont ils maîtrisaient les propriétés. Très vite, ils ont commencé à fabriquer des aiguilles en os, ouvrant ainsi la voie à la couture, et ils ont même inventé la terre cuite. Un peu plus tard, on découvre sur leurs sites une certaine quantité d'os d'oiseaux et d'arêtes de poissons, laissant supposer que leur alimentation s'était enrichie, ce que révèlent aussi les grands « ateliers de boucherie » où l'on abattait des mammifères, moyens ou gros. Et même si les Néandertaliens attrapaient des poissons (les ours aussi savent le faire), tout indique qu'ils les mangeaient sur place au lieu de les rapporter en quelque point central pour les partager, ce qui sera la pratique constante des chasseurs-cueilleurs ultérieurs. De plus, personne ne contestera que les hommes de Cro-Magnon ont dû avoir une pratique du langage voisine de la nôtre, alors que nous ne savons pas comment communiquaient les Néandertaliens entre eux. La liste des exploits sans précédent des hommes de Cro-Magnon pourrait encore être allongée. Mais la chose est déjà suffisamment claire : l'homme de Cro-Magnon, c'est nous, au sens le plus profond, et il représente le premier type d'humain que nous puissions espérer comprendre à la lumière de notre propre appareil psychologique et cognitif.

Les interactions entre Néandertaliens et hommes de Cro-Magnon

Tels étaient donc les étrangers que les Néandertaliens ont vu arriver sur leurs territoires il y a environ 40 000 ans, ou un peu moins. Le choc dut être grand ! Nous ignorons tout du « tempérament » des Néandertaliens : étaient-ils agressifs ou prompts à battre en retraite ? individualistes ou portés à la coopération ? francs ou rusés ? confiants ou sur leurs gardes ? d'emblée hostiles ou amicaux ? Ou bien, comme notre propre espèce, étaient-ils tout cela la fois ? En dépit de ce que nous savons sur eux grâce aux importantes archives archéologiques et paléontologiques qui les concernent, nous sommes toujours incapables de nous faire de leur profil psychologique une idée qui pourrait nous aider à deviner comment ils ont réagi à l'intrusion de nouveaux venus dans leur paysage. Quand les étrangers à la silhouette élancée ont commencé à s'introduire au compte-gouttes dans leurs vallées jusqu'alors paisibles, les Néandertaliens se sont-ils cachés ou les ont-ils attaqués ? Les ont-ils accueillis ou rejetés ? Ont-ils cherché à se mêler à eux ou préféré s'enfuir ? Ne se sont-ils enfuis qu'après avoir expérimenté les désagréments de la rencontre ? Ou encore les ont-ils ignorés aussi longtemps qu'ils l'ont pu ? Impossible de le savoir. En fait, sur l'interaction entre Néandertaliens et *Homo sapiens*, nous ne disposons que d'une documentation bien restreinte, et très difficile à interpréter : dans quelques sites en France et ailleurs, les outils combinent à la fois des éléments de la culture du Paléolithique supérieur (les hommes de Cro-Magnon) et du Moustérien (les Néandertaliens). Les mieux connus sont les outils dits « châtelperroniens », que l'on trouve sur quelques sites français et qui ont entre 36 000 et 32 000 ans d'âge. Les Néandertaliens, on l'a dit, fabriquaient des outils de pierre taillée en détachant des éclats de galets ronds, tandis que les hommes de Cro-Magnon utilisaient des pierres cylindriques dont ils parvenaient à détacher de nombreuses « lames » fines. Ils savaient également fabriquer des outils avec des os ou des bois de cervidé et décorer des objets. Dans le Châtelperronien, environ la moitié des outils de pierre taillée sont des lames, ce qui pose la question de savoir qui les a fabriquées. Pour compliquer encore les choses, des objets décoratifs ont été trouvés sur un site châtelperronien. Faut-il penser que cette culture fait en quelque sorte la transition entre le Moustérien et le Paléolithique supérieur, et que ses auteurs, par extension, constituaient une « transition » entre les Néandertaliens et l'homme moderne ? Les paléoanthropologues ont fini par conclure que le Châtelperronien était purement et simplement l'œuvre des Néandertaliens.

Fâcheusement, cela ne répondait en rien à la question principale, celle de savoir si le Châtelperronien était ou non une sorte de « transition » entre le Moustérien et le Paléolithique supérieur. Les sites en question datent d'une époque à laquelle nous savons que les hommes de Cro-Magnon étaient déjà présents sur le sol européen. Et c'est ici que surgit le problème de l'interaction entre les deux espèces, car il y a forcément eu interaction. Les possibilités sont nombreuses. Les Néandertaliens étaient déjà d'habiles travailleurs de la pierre et peuvent très bien avoir appris directement des nouveaux venus l'art de fabriquer des lames et d'utiliser l'os. Autre hypothèse : ils se seraient inspirés d'outils laissés derrière eux par des hommes de Cro-Magnon ayant abandonné leurs campements. Il est également possible que les quelques objets décoratifs retrouvés – sur un seul site, rappelons-le – aient été acquis par des Néandertaliens au terme d'un troc. Il pourrait aussi s'agir d'objets volés, ou perdus, ou pris par la force lors d'un affrontement violent. Enfin, il se peut fort bien qu'ils aient été l'œuvre d'un Néandertalien particulièrement créatif. Tout ce que nous pouvons affirmer, c'est que l'interaction, quelque forme qu'elle ait pris, a été courte, car le Châtelperronien ne fait qu'une apparition éphémère sur la scène paléontologique. Qui plus est, il est peu vraisemblable qu'une interaction « constructive » de longue durée ait existé entre les deux espèces car on observe, sur tous les sites archéologiques, un brusque remplacement du Châtelperronien (ou, plus couramment, du Moustérien) par des outils du Paléolithique supérieur. En dehors du Châtelperronien, rien n'indique un mélange ou une transition entre les deux. On trouve bien deux ou trois sites où Châtelperronien et Paléolithique supérieur alternent, mais cette alternance est, elle aussi, rapide.

Tout cela s'accorde assez bien avec la seule autre affirmation que, dans un tel brouillard, nous puissions avancer avec quelque certitude, à savoir qu'il n'y a pas eu croisement entre les Néandertaliens et les hommes modernes. Ils présentent trop de différences anatomiques pour avoir appartenu à la même espèce. Cela ne veut pas dire que des accouplements n'ont pas eu lieu à l'occasion, mais les deux hominidés sont si distincts que l'on peut être certain qu'aucun échange de gènes de quelque ampleur n'est intervenu ou n'aurait pu intervenir. Bien que nous ne connaissions pas la nature de ces obstacles à l'interfécondation, il est certain qu'ils existaient. Mais si l'interaction n'a pas été une interfécondation, l'autre hypothèse jette une lumière peu flatteuse sur *Homo sapiens*, et certains préfèrent penser que les Néandertaliens ont été « génétiquement submergés » par les modernes envahisseurs plutôt qu'éliminés d'une manière plus directe. C'est ce qui explique que les paléoanthropologues attachés à une vision linéaire de l'évolution humaine se plaisent à souligner les prétendues caractéristiques néandertaliennes de tel ou tel spécimen ancien d'*Homo sapiens*, ou à repérer des caractères « avancés » chez tel ou tel spécimen néandertalien. Pourtant, dans aucun des cas mis en avant il n'est possible d'aller jusqu'à supposer une médiation biologique.

L'élément le plus récent intervenu dans le débat est la découverte, au Portugal, du squelette incomplet d'un enfant en bas âge, daté d'environ 24 000 ans et dont on dit qu'il présenterait à la fois des traits néandertaliens et des traits modernes. Le fait qu'il soit né plusieurs milliers d'années après la disparition des derniers Néandertaliens connus a conduit les partisans de cette thèse à écarter l'idée qu'il serait le fruit des amours d'une Néandertalienne et d'un homme moderne (ou l'inverse) ; en revanche, ils voient en lui le représentant d'une population hybride qui se serait tranquillement (et très discrètement) reproduite en vase clos pendant 4 000 ans (200 générations, au minimum). Du point de vue de la génétique, l'idée est étrange : il semble difficile, après tant de générations, de pouvoir encore distinguer clairement, dans cette population, des traits néandertaliens et des traits modernes. Mais les raisonnements tirés par les cheveux ne sont pas rares chez les paléoanthropologues, même si la majorité d'entre eux ne voit rien d'autre dans ce petit être qu'un enfant moderne un peu trop trapu, donc un descendant de ceux qui avaient montré la sortie aux Néandertaliens. Si ce spécimen a une importance scientifique, c'est parce qu'il démontre, une fois encore, combien les chercheurs répugnent souvent à abandonner une conception du monde chère à leur cœur.

Les derniers Néandertaliens

À en juger par la fréquence des fossiles connus, la période qui conduit jusqu'à la partie la plus froide de la dernière glaciation a réussi aux Néandertaliens : les fossiles datés entre – 50 000 et – 40 000 ans sont plus nombreux que ceux d'aucune autre période (mais il se peut que cela tienne en partie à la technique de datation au carbone 14, qui atteint les limites de sa portée [1] juste avant que les Néandertaliens ne commencent à disparaître). Néanmoins, il ne fait guère de doute que la période comprise entre – 50 000 et – 40 000 ans a été l'âge d'or des Néandertaliens « classiques » d'Europe de l'Ouest, en dépit du grand froid qui régnait dans la région. Rétrospectivement, pourtant, ces 10 000 ans n'auront connu que le calme avant la tempête. Les premiers fossiles attribuables au Paléolithique supérieur, que ce soit en Europe occidentale ou orientale (Espagne et Bulgarie, respectivement), datent d'environ 40 000 ans (mais les spécimens aussi anciens sont rares), et nous n'avons aucune idée claire de l'endroit d'où venaient les envahisseurs : sont-ils d'abord arrivés par l'est, ou par le sud-ouest (Gibraltar), ou bien simultanément par les deux côtés, en un mouvement de tenailles ? S'il faut attendre environ – 35 000 ans pour que les sites d'hommes de Cro-Magnon deviennent assez communs en Europe, nous pouvons avancer qu'une fois installés les nouveaux venus se sont répandus comme un feu de forêt et que les aires néandertaliennes ont commencé à disparaître. Site après site, on observe que des millénaires d'occupation moustérienne (au moins spo-

1. Cette méthode de datation ne s'applique aux restes d'organismes vivants que jusqu'à 50 000 ans (*NdE*).

radique) se vident brusquement au Paléolithique supérieur. Autour de 30 000 ans, les sites moustériens ne sont plus que des exceptions proches de l'extinction, et la plupart se trouvent confinés à de lointains repaires de la péninsule Ibérique. Les derniers fossiles néandertaliens connus ont été trouvés au Portugal, notamment dans les cavernes de bord de mer de Figueira Brava et de Salemas (datant d'il y a environ 28 000 ans), et dans une région désolée du sud de l'Espagne. Un site croate de même date a récemment été identifié. Il est possible qu'un petit groupe de Néandertaliens ait été encore présent il y a environ 27 000 ans dans la caverne de Zafarraya en Andalousie (sans que l'on y trouve le moindre indice d'échanges culturels ou biologiques avec l'homme de Cro-Magnon). Mais, après cette date, les Néandertaliens disparaissent, que ce soit dans le fracas ou à petit bruit, pour toujours.

Les paléoanthropologues sont globalement des esprits libéraux et chaleureux qui n'aiment pas trop s'attarder sur les aspects les plus noirs de notre espèce. Et, de fait, il est certainement beaucoup plus agréable d'imputer à un raz de marée génétique la disparition, dans les archives paléontologiques, de la morphologie propre aux Néandertaliens que d'envisager d'autres hypothèses. Fâcheusement, ce sont précisément ces dernières qu'il faut affronter puisque nous n'avons aucune preuve d'une transition biologique entre Néandertaliens et hommes modernes, et qu'il est très improbable qu'elle ait eu lieu. Quelles sont donc les autres pistes ? La moins désobligeante pour notre espèce est la suivante : *Homo sapiens* savait tout simplement exploiter son environnement avec bien plus d'efficacité que *Homo neanderthalensis* et, progressivement, sans intention préconçue, il a chassé ce dernier de la scène, l'opération n'impliquant qu'un minimum d'interaction entre les deux espèces. Au fond, c'est déjà probablement de cette façon que les Néandertaliens avaient évincé ceux qui occupaient le sol européen avant eux. Néanmoins, dans ce déroulement de la disparition des Néandertaliens si riche en points d'interrogation, il y a malheureusement une chose que nous ne connaissons que trop bien, c'est l'épouvantable dossier de l'histoire d'*Homo sapiens*. Les êtres humains se signalent par leur extrême mobilité, et des groupes d'envahisseurs ont manifesté de façon quasi permanente un comportement abominable à l'égard d'autres populations humaines (pour ne rien dire d'autres espèces) : il suffit de penser à l'effroyable sauvagerie des Vikings et des Mongols, ou encore des croisés lors du sac de Jérusalem. Souvent, ces excès sont justifiés par la négation de toute « humanité » chez les populations attaquées, et l'argument devait être encore plus facile à avancer face à des Néandertaliens. Les hommes de Cro-Magnon étaient admirables à plus d'un titre, comme le sont *presque* tous les *Homo sapiens*. Mais ne nous laissons pas induire en erreur par l'art éthéré déployé à Altamira, Lascaux ou dans la grotte Chauvet, qui nous conduirait à penser que les hommes de Cro-Magnon étaient incapables de plonger dans les mêmes abîmes de sauvagerie que l'homme des temps modernes (récemment encore au Rwanda et en Bosnie).

Quelle réaction les Néandertaliens ont-ils opposée à ce nouveau phénomène humain ? Nous n'en avons pas la moindre idée. Peut-être ont-ils vaillamment défendu leurs territoires. Mais, au bout du compte, ils n'avaient aucune chance face aux talents et à l'astuce des envahisseurs, armés de leurs capacités linguistiques et de leurs compétences dans le maniement des symboles. L'Europe est vaste, riche en recoins obscurs, en environnements divers, en fissures topographiques. Or le remplacement des Néandertaliens ne s'est pas étalé sur un temps démesurément long ; à lui seul, ce fait implique que la confrontation a été directe plutôt qu'indirecte entre les deux espèces d'hominidés, dont aucune n'était numériquement importante. L'hypothèse, toute simple, est qu'*Homo sapiens* était intrinsèquement incapable de tolérer (et le montrait avec une sauvagerie non moins intrinsèque) la moindre concurrence de la part de l'espèce cousine ; nos plus proches cousins après les Néandertaliens, les grands singes, en font encore aujourd'hui la triste expérience.

Chapitre 6

Les chemins de l'humanisation

Face aux extraordinaires capacités et réussites d'*Homo sapiens*, on a immanquablement l'impression que le processus qui a fait de nous ce que nous sommes avait certainement quelque chose d'inéluctable. Tout porte apparemment à conclure que, si le produit est d'une telle splendeur, c'est qu'il *doit* être l'ultime phase d'un processus graduel de perfectionnement. Comment aurions-nous pu en arriver là par accident ? Si c'est par l'évolution que nous avons atteint cet étonnant niveau, c'est qu'elle a dû travailler longuement et durement pour améliorer l'espèce et la peaufiner sans cesse. Pourtant, ce n'est pas ainsi que l'évolution fonctionne, car, en elle-même, la sélection naturelle n'est pas, et ne saurait être, un processus créateur : la seule chose qu'elle sache faire est de favoriser ou d'éliminer les nouveautés qui se présentent à elle par des modifications génétiques relevant du hasard (influencées, naturellement, par ce qui existait auparavant), lesquelles sont la cause première de toutes les innovations biologiques. La meilleure manière de décrire l'évolution est de dire qu'elle est opportuniste, qu'elle se contente d'exploiter ou de rejeter les possibilités à mesure qu'elles apparaissent ; ces possibilités, à leur tour, peuvent être favorables ou non selon les circonstances environnementales (au sens le plus large) à un moment donné. Le processus n'obéit à aucune direction secrète, il n'a rien d'inéluctable, et il peut d'ailleurs s'inverser si l'environnement, cet inconstant, vient à changer.

En fait, comme nous le verrons mieux par la suite, la leçon la plus importante à tirer de ce que nous savons sur nos origines touche à l'importance du phénomène décrit par le néologisme récent d'« exaptation ». Il renvoie aux caractéristiques qui naissent dans un contexte avant d'être exploitées dans un autre, ou aux processus par lesquels ces nouveautés sont adoptées dans les populations biologiques. L'exemple le plus classique, que nous avons déjà évoqué [1], est celui des plumes d'oiseau, mais il en existe beaucoup d'autres, suffisamment nombreux pour conforter l'hypothèse selon laquelle nos capacités cognitives tant vantées relèveraient de ce type d'origine : comme les plumes, elles dériveraient d'un trait bien plus humble, à l'utilité peut-être marginale, et pourraient même avoir été le sous-produit de quelque chose d'autre.

Considérons l'hypothèse de plus près, en partant des commencements. Quand les premiers hommes de Cro-Magnon sont arrivés sur le sol européen, il y a quelque 40 000 ans, il est évident qu'ils apportaient avec eux presque toute la panoplie des comportements qui distinguent les hommes modernes de toutes les espèces antérieures : sculpture, gravure, peinture, ornementation du corps, musique, notation, connaissance approfondie de divers matériaux, sépultures élaborées pour les morts, décoration minutieuse d'objets utilitaires. Tout cela, et bien plus encore, faisait partie intégrante de la vie quotidienne des premiers *Homo sapiens*, et nous en trouvons

1. Voir *supra*, p. 65-66.

des témoignages spectaculaires sur des sites européens datant d'au moins 30 000 ans. Ce que ces exploits comportementaux ont en commun, à l'évidence, c'est d'avoir tous été portés par l'acquisition des processus cognitifs de la symbolisation. Nul ne peut contester que c'est cet acquis d'ordre général, plutôt que l'invention de l'une des capacités particulières que je viens de recenser, qui a permis l'introduction des comportements « modernes » dans le répertoire de notre lignée. De plus, ce nouveau talent est en totale rupture avec ceux, plus modestes, des Néandertaliens, que les hommes de Cro-Magnon ont si rapidement chassés de leurs territoires d'Europe et d'Asie occidentale : le comportement des hommes de Cro-Magnon, tout comme le nôtre, était radicalement différent de celui de tout autre hominidé ayant vécu avant eux. Ce n'est pas rabaisser les Néandertaliens ni les autres espèces humaines désormais éteintes, dont les réussites ont été, à leur manière, dignes d'admiration, que de penser qu'avec l'arrivée de l'*Homo sapiens* moderne, maître des symboles, un ordre des choses entièrement nouveau a fait son apparition. Expliquer comment ce phénomène absolument inédit a pu se produire est à la fois la question la plus provocante et la plus déroutante de toute la biologie.

Comme il fallait s'y attendre, on trouve dans les archives archéologiques bien antérieures à l'apparition de l'homme de Cro-Magnon la trace de comportements dans lesquels on peut détecter un certain degré de « modernité ». Ainsi les splendides « javelots » de bois, vieux de 400 000 ans, miraculeusement conservés à Schöningen, dans le nord de l'Allemagne, ont-ils impressionné nombre de scientifiques tant ils impliquaient le recours à des techniques de chasse élaborées à une époque où le travail de la pierre en Europe était encore tout à fait rudimentaire. Mais ce qui fait question, c'est le rapport entre ces armes et le maniement cognitif des symboles. Les opérations mentales intuitives peuvent permettre d'aller assez loin, et il est tout à fait possible que ces javelots aient été inventés, fabriqués et utilisés sans aucun recours à la symbolisation. À peine moins éloignées dans le temps, certaines rayures découvertes sur des plaques d'os dans un autre site allemand, Bilzingsleben, ont été interprétées comme autant de notations symboliques – bien que d'autres explications soient possibles, la plupart des chercheurs pensant d'ailleurs qu'il serait exagéré d'y voir une symbolisation délibérée. Et quand bien même, ce qui est peu vraisemblable, ces marques auraient été faites avec quelque intention, leur caractère grossier et leur rareté ne font que souligner à quel point, à ce stade ancien, une forme quelconque d'expression symbolique chez les hominidés constituait l'exception et non la règle.

En résumé, la société des hommes de Cro-Magnon était organisée autour d'une masse considérable d'expressions symboliques, alors qu'aux époques antérieures tout exemple putatif d'activité symbolique est attribuable, au mieux, à des individus isolés. Même les fameuses sépultures des Néandertaliens ou les quelques cas périodiquement interprétés comme des preuves de leur cannibalisme ne semblent guère témoigner d'une pratique symbolique. Qui plus est, il est évident que la remarquable sensibilité de l'homme de Cro-Magnon a été importée en Europe déjà formée, et il n'y a donc aucune raison de lui chercher des antécédents dans la région. En fait, il vaut bien mieux se tourner vers d'autres parties du monde pour repérer d'éventuels signes avant-coureurs du phénomène, ce qui rend particulièrement regrettable la maigreur des archives archéologiques non européennes qui pourraient en révéler. Il va de soi que l'absence de preuves n'est pas la même chose que la preuve d'une absence, et le caractère dispersé des données archéologiques disponibles hors d'Europe est largement dû à l'immensité des territoires concernés et au manque relatif de travaux archéologiques sur cette vaste zone. Toutefois, plusieurs découvertes intéressantes méritent d'être signalées.

À ce jour, les traces les plus probantes se rencontrent en Afrique. Du point de vue des techniques, l'un des traits distinctifs des hommes de Cro-Magnon à leur arrivée en Europe il y a environ 40 000 ans était la fabrication de lames : des éclats lithiques deux fois plus longs que larges, produits en plusieurs exemplaires à partir d'une unique pierre cylindrique. On a trouvé au Kenya des lames qui pourraient avoir près de 250 000 ans. Comme dans le cas des javelots de Schöningen, la relation entre leur fabrication et la présence, chez leurs auteurs, de capacités cognitives précises ne va pas de soi. Mais, à tout le moins, nous pouvons considérer cette technique comme une sorte de fétu de paille porté par le vent de l'évolution. Cependant, il y a encore plus probant : des pointes de harpon en os datant d'une période comprise entre – 60 000 et – 80 000 ans ont été récemment découvertes dans un site de l'est du Congo. Ces instruments complexes, fabriqués dans un matériau fragile, ressemblent beaucoup aux armes pointues d'un certain type qui n'apparaissent en Europe qu'il y a environ 20 000 ans. De même, nous avons la preuve que l'exploitation de carrières de silex et le transport de ce matériau précieux sur de longues distances étaient pratiqués en Afrique longtemps avant que rien de semblable s'observe en Europe. Des projectiles pointus avec poignée sont également attestés assez tôt en Afrique. Mais la découverte la plus convaincante, réalisée sur un site kenyan datant d'il y a environ 50 000 ans, est celle de parures en œufs d'autruche délibérément incisés, ou encore celle, sur un site éthiopien encore plus ancien, d'anneaux en coquille d'escargot ouvragés pour être enfilés. Et il existe des preuves (qui seront plus complètement explorées, on l'espère, dans les années à venir) d'une différenciation locale des techniques – et, par extension, des cultures – dans l'Afrique du Paléolithique moyen, lesquelles dépassent de loin tout ce que l'on peut trouver d'équivalent en Europe avant l'arrivée de l'homme de Cro-Magnon. Pris isolément, tous ces développements ne font rien de plus que suggérer que l'Afrique, là encore, a joué un rôle clé dans l'apparition des comportements modernes de l'espèce humaine, mais considérés dans leur ensemble ils constituent un argument fort en faveur de cette hypothèse. La façon dont ces nouveautés ont été acquises demeure obscure, tout comme le processus par lequel des populations africaines sont devenues modernes. Mais les archives archéologiques dont nous disposons incitent à penser qu'une grande variété d'innovations a été exploitée en Afrique entre – 200 000 et – 100 000 ans par une variété sans doute égale de populations. Quant à savoir en quoi a consisté ce cheminement évidemment complexe, et comment les divers éléments impliqués ont fini par se réunir pour composer une sensibilité véritablement moderne, la question reste ouverte.

L'Afrique, toutefois, n'est pas la seule partie du monde à livrer des signes rares et mystérieux de comportements « avancés » précoces. On trouve en Israël des lames de pierre très anciennes ; et sur le site de Quneitra (en Syrie), il y a plus de 50 000 ans, quelqu'un a délibérément gravé une série de marques concentriques sur une plaquette de silex. La fabrication d'outils de pierre taillée sur ce site date clairement du Paléolithique moyen, et elle équivaut à peu près à ce que les Néandertaliens produisaient en Europe vers la même époque. Le problème, pourtant, c'est que nous n'avons aucune certitude sur l'identité du graveur de cette plaquette puisque aussi bien *Homo neanderthalensis* qu'*Homo sapiens* vivaient dans le Levant il y a 50 000 ans et que les produits de leurs industries respectives étaient, autant que l'on puisse en juger, fonctionnellement identiques. Il en va de même pour l'identité de ceux qui ont percé les coquillages marins découverts dans une sépulture de la région vieille de près de 100 000 ans. Ailleurs, les preuves d'une production symbolique précoce sont encore plus dispersées. En Australie, par exemple, certaines gravures sur pierre que d'aucuns attribuaient à une époque très ancienne viennent de faire l'objet d'une nouvelle datation qui établit qu'elles ne seraient pas antérieures à – 60 000, – 50 000 ans, période à laquelle, nous le savons, l'Australie était déjà habitée par *Homo sapiens*. Néanmoins, ce qui intrigue encore dans l'installation précoce des hominidés en Australie, c'est que les immigrants ont dû franchir pour l'atteindre un obstacle maritime assez important. Même aux époques où le niveau des océans était bas, l'Australasie a toujours été séparée du reste du monde asiatique, au nord, par au moins 100 km de haute mer ; pour franchir ce détroit, les hominidés devaient avoir de formidables talents de navigateurs. Qui pourrait nier que des êtres capables d'accomplir un tel voyage possédaient bel et bien des facultés cognitives modernes ? Dans ce cas, l'arrivée d'hominidés en Australie il y a 60 000 ans (ou pas beaucoup plus) constitue une preuve solide de l'apparition précoce des capacités humaines modernes. Mais l'exploit a beau nous laisser rêveurs, il ne nous aide guère à avancer...

... Pas plus que les archives physiques. Les fossiles d'hominidés vivant à l'époque où nous pouvons supposer que les capacités humaines modernes se constituaient sont très rares, et leur analyse a beaucoup souffert d'une conception de la morphologie par trop simpliste. Ainsi les paléoanthropologues sont-ils longtemps restés fascinés par des traits tels que le « fort bourrelet sus-orbital » (dont les humains modernes sont censés être dépourvus) ou la présence d'un « menton » (effective chez *Homo sapiens*), sans s'apercevoir que ces formulations recouvraient une multitude de morphologies différentes. En réalité, les hommes modernes peuvent fort bien avoir des arcades sourcilières très développées ou au contraire réduites ; le point important, c'est qu'ils ont tous la même structure sus-orbitale très inhabituelle, avec une division très nette de l'arcade, quelle que soit sa taille, entre une section médiale et une section latérale. De même, le menton moderne n'est pas seulement un renflement de la mâchoire inférieure (lequel est présent, dans une moindre mesure, chez de nombreux hominidés antérieurs), mais une structure unique et complexe prenant la forme d'un T renversé. En tenant compte de ces considérations, on s'aperçoit qu'autour de la naissance d'*Homo sapiens* il a dû se passer bien plus de choses que nous ne le pensons. Néanmoins, il est parfaitement clair que les premiers humains anatomiquement modernes vivaient en Afrique, ou au moins dans la zone adjacente qu'est le Levant, où la présence, il y a environ 100 000 ans, de certaines populations déjà dotées de la morphologie humaine moderne est attestée. La thèse selon laquelle *Homo sapiens* est originaire du continent africain est également corroborée par des études de biologie moléculaire portant sur l'ADN, qui montrent qu'en Afrique les populations humaines se sont diversifiées sur une période beaucoup plus longue qu'ailleurs.

Un autre facteur de complication est qu'il ne semble pas y avoir la moindre corrélation entre la modernité anatomique et l'apparition, dans la généalogie humaine, de la modernité de comportement. Comme nous venons de le voir, nous savons avec certitude que des humains ayant tout à fait notre allure vivaient dans le Levant il y a près de 100 000 ans ; mais, à cette même époque, à la différence majeure de ce qui se passait en Europe, les Néandertaliens du Levant étaient encore présents, 60 000 ans environ après l'arrivée des humains modernes. Qui plus est, tout au long de cette très longue coexistence (quelle qu'ait pu être sa forme – et, franchement, nous n'avons pas la moindre idée de la façon dont les deux espèces sont parvenues à partager le même pays pendant tant de millénaires), à en juger par les outils qu'ils fabriquaient et les sites qu'ils ont laissés derrière eux, les deux groupes d'hominidés avaient à peu près le même comportement. Il est intéressant de noter qu'il faut attendre le moment où des techniques de travail de la pierre de type Cro-Magnon apparaissent au Levant, il y a environ 45 000 ans, pour voir finalement les Néandertaliens locaux abandonner le terrain. Et il est presque certain que c'est la capacité cognitive nouvelle des hommes de Cro-Magnon à manier les symboles qui a porté aux Néandertaliens le coup final, le coup fatal. Il semble difficile de ne pas en conclure que l'apparition de l'*Homo sapiens* anatomiquement moderne est largement antérieure à celle d'humains au comportement moderne. Certains se demanderont s'il ne serait pas plus plausible d'« expliquer » l'apparition d'un nouveau comportement par celle d'un nouveau type d'hominidés. La réponse est non : où donc peuvent s'installer des innovations comportementales, sinon à l'intérieur d'une espèce préexistante ?

Cerveau et innovation

Tout le monde s'accorde sur ce point : pour comprendre les processus cognitifs d'une espèce de vertébrés, il faut regarder leur cerveau. En ce qui concerne notre famille, *Homo neanderthalensis* avait un cerveau aussi gros que le nôtre, même s'il était abrité par un crâne d'une forme remarquablement différente. Et bien que nous sachions, grâce à différents sites archéologiques, que les Néandertaliens et les hommes de Cro-Magnon vivant en Europe avaient des comportements très distincts, les spécialistes de l'évolution cérébrale humaine ont beaucoup de mal à identifier, sur la surface extérieure de leurs cerveaux (révélée par les moulages de l'intérieur des crânes fossiles), des traits qui, par eux-mêmes, permettraient de supposer l'existence de différences cérébrales majeures entre hommes de Neandertal et *Homo sapiens* modernes. La même chose peut être dite des cerveaux de ces *Homo sapiens* du Levant dont la culture matérielle et le mode de vie étaient si proches de ceux des Néandertaliens locaux.

À l'évidence, il n'est pas possible d'attribuer l'avènement des capacités cognitives modernes au simple effet de la lente progression, dans la durée, d'une tendance à l'amélioration des possibilités du cerveau. En d'autres termes, l'hypothèse d'un perfectionnement progressif des mécanismes cognitifs n'est pas la bonne, et c'est quelque chose de tout différent qui a dû se produire. Bien entendu, au moment où l'homme d'apparence moderne est entré en scène, les bases de l'adoption des processus cognitifs modernes devaient déjà exister, mais dire cela ne revient pas à affirmer qu'un mécanisme neural spécifique avait été acquis.

Penchons-nous de nouveau, un instant, sur le déroulement des événements tel que nous le laissent supposer les connaissances que nous avons des processus de l'évolution. D'abord, il faut se souvenir que les nouvelles structures n'apparaissent jamais dans un but précis : elles surgissent spontanément, simples sous-produits d'erreurs de copie qui se produisent fréquemment avec le passage de l'information génétique d'une génération à l'autre. Quant à la sélection naturelle, on l'a vu, elle n'est nullement une force créatrice capable d'engendrer de nouvelles structures : elle n'opère que sur les variations qui se présentent à elle, soit pour éliminer les moins utiles, soit pour avantager les plus profitables. Nous parlons volontiers d'« adaptation » car cela nous aide à forger des scénarios sur le comment et le pourquoi de l'apparition et de la réussite de telle innovation particulière au cours de l'évolution, mais, en réalité, toutes les nouvelles variations génétiques doivent être considérées comme des « exaptations ». Rappelons la distinction : alors que l'adaptation est un trait qui remplit une fonction spécifique (ce qu'il ne pouvait naturellement pas faire tant qu'il n'était pas en place), l'« exaptation » est simplement un trait déjà présent qui s'offre à la possibilité d'être choisi pour telle ou telle nouvelle fonction. Tout cela est pure routine, et bien des structures restent en place aussi longtemps qu'elles ne gênent pas.

Voici le contexte global dans lequel nous sommes obligés de considérer à la fois l'évolution du cerveau humain tel que nous le connaissons aujourd'hui et l'apparition des fonctions cognitives modernes. Incontestablement, il y a eu augmentation de la taille moyenne du cerveau des hominidés au cours des deux derniers millions d'années, même si, comme je l'ai déjà souligné plus haut, le fait de savoir cela ne nous en dit pas très long sur les événements marquants de l'évolution du cerveau humain. Mais l'exemple des Néandertaliens et, plus encore, celui de ces populations du Levant modernes dans leur anatomie, mais non dans leur comportement, démontrent de façon parlante que l'apparition des capacités cognitives modernes n'est pas la conséquence d'une simple addition de matière neurale, cette dernière touche dans l'agrandissement du cerveau qui aurait permis de faire le saut. Nous sommes encore moins autorisés à penser qu'il y a eu addition de nouvelles structures cérébrales, car la forme fondamentale du cerveau est restée particulièrement uniforme chez les primates supérieurs. C'est plutôt un cerveau « exapté », équipé depuis une date inconnue d'un potentiel de pensée symbolique négligé, qui a été activé, d'une manière ou d'une autre.

Malheureusement, nous ignorons ce qui a pu « exapter » le cerveau pour cette utilisation moderne : en effet, alors que nous connaissons bien sa structure et les composants cérébraux qui sont activés pour l'accomplissement de telle ou telle fonction, nous ne savons absolument pas comment le cerveau parvient à convertir en pensée et en conscience cette énorme quantité de signaux électriques et chimiques. Et c'est précisément cela qu'il serait crucial d'apprendre pour franchir le pas qui nous permettrait de comprendre exactement ce qui nous permet d'être « humains » (terme que j'utilise en pleine connaissance de cause).

Il reste néanmoins possible d'avancer quelques généralités sur l'histoire évolutive des facultés cognitives modernes. Certains pensent qu'il y a environ 50 000 ou 60 000 ans une spéciation s'est produite dans la lignée humaine qui aurait donné naissance à un nouvel être capable d'expression symbolique. La thèse implique la présence, chez cette nouvelle espèce, des innovations neurales qui permettent les comportements modernes. Cette explication est sacrément commode : à un niveau, au moins, elle rend l'histoire beaucoup plus simple. L'ennui, c'est que la chronologie au sens large semble l'invalider ; pour qu'elle soit recevable, il faudrait qu'une nouvelle espèce, physiquement identique mais intellectuellement supérieure à l'espèce préexistante, ait pu apparaître et se répandre dans tout l'Ancien Monde en un temps remarquablement court, éliminant totalement la précédente. Et même si nos archives paléontologiques sont incomplètes, rien n'indique qu'un tel événement a eu lieu. Ce qui nous oblige à nous tourner vers la seule autre explication possible.

Au lieu d'envisager une sorte d'innovation anatomique, nous devrions peut-être chercher du côté d'un stimulus culturel ayant provoqué l'apparition de ces extraordinaires compétences cognitives. Si le cerveau humain, avec toutes ses capacités potentielles, est né en même temps que la boîte crânienne moderne il y a environ 100 000 ou 150 000 ans (à peu de chose près), notre connaissance du phénomène de l'exaptation nous autorise à penser que la masse neurale a pu continuer à fonctionner selon son mode traditionnel pendant une assez longue durée. Comme je l'ai déjà déploré, nous avons trop peu de documentation fiable sur l'origine et l'expansion géographique d'*Homo sapiens*. Nous savons cependant que notre espèce est apparue dans le cadre temporel général que je viens de mentionner, probablement en Afrique, et qu'elle s'est ensuite répandue à une grande vitesse dans l'Ancien Monde. Imaginons qu'il y a 60 000 ou 70 000 ans une innovation culturelle soit apparue dans l'une ou l'autre des populations humaines existantes et qu'elle ait activé une capacité potentielle abritée depuis longtemps par le cerveau, celle de manier le symbole : nous pourrions alors expliquer la rapide propagation de cette aptitude par un simple mécanisme de diffusion culturelle. Il est beaucoup plus convaincant (et certainement plus agréable) de dire que la nouvelle forme de comportement s'est répandue rapidement chez des populations qui possédaient les capacités potentielles de l'absorber, plutôt que de chercher du côté de l'autre hypothèse, celle qui voudrait que la distribution mondiale de cette aptitude soit la conséquence d'un remplacement global des populations antérieures, c'est-à-dire d'un carnage généralisé. De plus, les échanges culturels entre populations constituent un phénomène bien documenté tout au long de l'histoire, et cette version est clairement celle qu'il faut privilégier pour expliquer le rapide succès des comportement humains conditionnés par une maîtrise du symbolique. Reste toutefois à imaginer quel nouveau stimulus culturel aurait tout déclenché.

Facultés cognitives et symbolisation

Quand nous parlons de « processus de symbolisation » à l'œuvre dans le cerveau ou dans l'esprit, nous nous référons à notre capacité à distinguer certains éléments du réel perçus par nos sens et à les représenter par des symboles mentaux spécifiques. D'autres espèces possèdent à coup sûr des capacités de cet ordre mais, autant que nous puissions le savoir, elles prennent le monde comme il se présente. On peut penser qu'elles perçoivent leur environnement comme un continuum et non pas, à notre manière, comme un ensemble divisé en un nombre considérable d'éléments distincts auxquels nous donnons des noms. En découpant ainsi le réel en éléments, les êtres humains sont capables de « recréer » en permanence dans leur esprit non seulement le monde, mais ses dimensions individuelles. Et ce qui rend l'opération possible, c'est la capacité à manier les symboles mentaux qui correspondent aux éléments du réel que nous percevons, aussi bien en nous-mêmes qu'en dehors de nous. Si d'autres espèces peuvent manifester de hauts niveaux de raisonnement intuitif, réagissant à des stimuli externes d'une manière très complexe, seuls les êtres humains sont capables de combiner et recombiner à volonté les symboles mentaux, de se poser des questions comme : « Que va-t-il se passer si... ? » Et c'est cette capacité qui, au premier chef, est à la base de notre créativité tant vantée.

Bien entendu, l'intuition reste une composante majeure de nos processus mentaux, mais nous avons ajouté à cette capacité première celle de manier les symboles. Ainsi, dans le cadre de la créativité scientifique, il est certain que l'appréciation intuitive des relations entre objets et idées est au moins aussi importante que la représentation symbolique ; au final, c'est la combinaison des deux, unique en son genre, qui rend possibles la science, l'art, la technique. À l'évidence, le raisonnement intuitif à lui seul peut permettre d'aller assez loin, et c'est ce que montre, à mon avis, l'exemple des Néandertaliens. Dans les abondantes archives dont nous disposons sur ces hominidés, les indices d'une capacité à symboliser sont rares, et il est sûr que le symbolique ne jouait pas un rôle marquant dans leur existence. Cela n'a pas empêché leur remarquable réussite : pour autant que nous puissions en juger, *Homo neanderthalensis* a possédé une maîtrise du monde naturel sans précédent dans l'histoire des hominidés. On peut même aller jusqu'à penser que son mode de vie était le plus complexe et, à bien des titres, le plus admirable que l'on puisse atteindre avec l'aide de la seule intuition.

Ce qui nous conduit à l'inévitable question à laquelle tout le monde cherche une réponse : les Néandertaliens savaient-ils parler ? Bien des paléoanthropologues, surtout quand ils considèrent la beauté de leurs outils de pierre taillée, ne peuvent imaginer qu'ils en étaient incapables : comment, sans l'usage de la parole, des talents aussi remarquables auraient-ils pu être transmis de génération en génération ? Récemment, des chercheurs japonais ont cherché à en savoir plus : ils ont divisé en deux sections un groupe d'étudiants de premier cycle et leur ont enseigné l'art de fabriquer un outil en pierre néandertalien, dans un cas en assortissant la démonstration pratique d'explications verbales, dans l'autre par la simple démonstration silencieuse. L'expérience a d'abord montré qu'il est très difficile de fabriquer un outil en pierre taillée : certains étudiants n'y sont pas parvenus. Le plus remarquable, cependant, c'est que l'on n'a pu constater entre les deux sections aucune différence patente ni dans la rapidité avec laquelle les techniques avaient été apprises, ni dans les résultats obtenus. Tout semblait indiquer qu'un enseignement n'ayant pas recours à la parole fonctionnait très bien pour transmettre une technique de travail de la pierre, même complexe. Bien que l'expérience ait porté sur des humains modernes et non sur des Néandertaliens, elle démontre de façon convaincante, une fois encore, combien il est fondamentalement erroné de penser que notre manière de composer avec le monde est la seule possible. Rien de tout cela ne prouve, bien entendu, que les Néandertaliens ne maîtrisaient pas certaines formes de communication orale, peut-être même assez élaborées : après tout, ce type de communication est loin d'être rare chez les vertébrés. En fait, nous sommes à peu près sûrs que les Néandertaliens parlaient, au sens générique du verbe, mais tout aussi sûrs qu'ils ne maîtrisaient pas le type de langage que nous utilisons.

Le meilleur moyen d'expliquer ce distinguo est d'observer la façon dont nos plus proches cousins, les grands singes, usent de la communication vocale. Les études ont été particulièrement nombreuses sur les chimpanzés, à la fois sur le terrain et en laboratoire. Les chimpanzés sauvages disposent d'un large répertoire d'appels vocaux (trente au moins ont été identifiés, et certains sont utilisés en combinaison avec d'autres), mais tous semblent très étroitement associés à des états émotionnels : ils ne sont pas émis pour « expliquer » quelque chose, mais seulement pour exprimer ce que ressent l'individu à un moment donné. Jane Goodall a montré que les expressions vocales des chimpanzés sont à ce point associées à leurs états émotionnels que « la production d'un son *en l'absence de* l'état émotionnel approprié semble une tâche presque impossible ». Le langage humain, en revanche, bien qu'il soit souvent utilisé pour exprimer une émotion, est indépendant de l'affect et repose sur un ensemble de règles grammaticales et syntaxiques qui gouvernent la transmission du sens. C'est un produit des centres « supérieurs » du cerveau, et non des structures inférieures « limbiques », qui déclenchent les émissions vocales des chimpanzés. Mais la question est de savoir si les limites rencontrées par le chimpanzé dans son expression orale tiennent à ses fonctions cérébrales ou à l'absence de l'équipement vocal périphérique que possède l'homme.

Pour y répondre, plusieurs chercheurs ont essayé, ces vingt ou trente dernières années, d'enseigner le « langage » aux chimpanzés en recourant à différentes techniques ingénieuses : l'une s'inspire de la langue des signes inventée pour les sourds-muets, une autre implique que le chimpanzé dispose sur un tableau adhésif des pièces de plastique colorées représentant des mots, une autre encore utilise un clavier relié à un ordinateur. Néanmoins, quel que soit le moyen choisi, on observe chez les chimpanzés une constante difficulté à communiquer de cette façon, même après un apprentissage intensif. Quelques-uns parviennent à acquérir un vocabulaire comprenant un certain nombre de « mots », mais la manière dont ils agencent ces éléments est totalement différente de celle avec laquelle les humains communiquent. S'ils se montrent capables de relier des mots pour produire une demande cohérente (« Patty vouloir pomme », par exemple), leur aptitude se limite à la simple addition de termes. Il n'est pas difficile d'associer deux mots si, par exemple, le sens à transmettre est « donner balle », mais dès qu'il s'agit de messages plus complexes, pour lesquels il faudrait inclure un grand nombre d'éléments différents, leur handicap est patent.

Aussi, bien que certains linguistes soient allés jusqu'à baptiser « protolangage » les expressions orales de chimpanzés de laboratoire, le terme est trompeur. Le langage humain est gouverné par sa structure, qui autorise des possibilités infinies, alors que l'expression orale chez les chimpanzés est gouvernée par son contenu, lequel est intrinsèquement limité. Les vocalisations du chimpanzé peuvent effectivement lui permettre de communiquer et de faire comprendre à d'autres une gamme réduite de messages, mais le langage comme moyen de catégoriser le monde, de l'expliquer, de formuler une pensée, est une affaire infiniment plus complexe. En fait, il est loin d'être évident que le type de communication orale pratiqué par le chimpanzé soit un état primitif de ce que nous entendons par « langage ». Il est possible que nous soyons totalement dans l'erreur en pensant que, parce que nous sommes seuls au monde aujourd'hui, le « langage » des singes serait le seul témoignage vivant dont nous disposions sur les capacités potentielles de nos lointains ancêtres. En effet, en dépit de notre remarquable aptitude à imaginer de nouvelles choses dans des contextes qui nous sont familiers, nous autres, humains modernes, avons les plus grandes difficultés à concevoir un fonctionnement de l'esprit qui soit étranger à notre propre expérience. Étant donné qu'il nous est quasiment impossible de comprendre ce qui se passe dans la tête d'un chimpanzé (après tout, il est incapable de nous le dire lui-même), comment saurions-nous reconstruire ce qui pouvait se passer dans la tête d'un Néandertalien ou d'un *Homo erectus* que nous ne connaissons que par des ossements fossiles et des pierres taillées ? Comment ces précurseurs, à la fois si proches et si lointains, de notre espèce percevaient-ils le monde au jour le jour ? Il est intellectuellement très frustrant d'être contraint d'admettre que, en dépit de tous les fossiles découverts, de tous les sites explorés, nous n'aurons jamais la moindre certitude sur ce point. Nous avons décelé chez nos prédécesseurs certains traits que nous partageons encore avec eux aujourd'hui, mais aussi d'autres, bien différents ; quant aux effets de ce mélange d'attributs sur les facultés cognitives, ils restent entièrement hypothétiques.

Le langage et l'apparition des facultés cognitives chez l'homme

De toutes les fonctions mentales humaines, la plus étroitement liée aux processus de symbolisation est le langage. Il est pratiquement impossible de concevoir la faculté de penser en l'absence de cette fonction suprême. Pour autant que nous le sachions, les mots sont les unités fonctionnelles de la pensée ; ils sont de façon certaine le moyen par lequel nous communiquons nos pensées à autrui et, créatures sociales sans égales, cherchons à influencer ce qui se passe dans le cerveau des autres. Par conséquent, si nous sommes en quête d'un unique facteur culturel susceptible d'avoir ouvert la voie au maniement cognitif du symbole, l'invention du langage est le candidat qui s'impose, peut-être même le seul convaincant parmi ceux identifiés jusqu'à maintenant. Pour imaginer ce qui a bien pu se passer, il faut revenir à la notion d'exaptation, car le langage est une aptitude unique qui ne semble pas être née d'un protolangage, en tout cas pas directement. Néanmoins, certains ont soutenu l'idée suivante : puisque l'aptitude générale à acquérir le langage semble profondément et universellement inscrite dans le psychisme de l'homme, elle doit être « installée » dans chaque cerveau humain en bonne santé en tant que conséquence d'un processus darwinien « normal » d'adaptation par la sélection naturelle.

Il est incontestable que le langage n'est pas réinventé à chaque génération mais plus exactement réexprimé, puisque l'acquisition de sa langue maternelle par l'enfant est une étape ordinaire (encore que stupéfiante) de son processus de croissance. En d'autres termes, impossible de nier qu'il existe dans l'esprit humain un « instinct du langage ». Ce qu'il faut expliquer, en revanche, c'est non seulement comment cet instinct a été acquis, mais aussi pourquoi son apparition a pu être si rapide sans qu'aucun précédent n'existe. La sélection naturelle, on l'a dit, incapable à elle seule de donner l'existence à quelque élément que ce soit, ne sait que capitaliser sur ce qui est déjà présent. En un sens, cela nous simplifie la tâche : pour autant que nous le sachions, l'apparition de la pensée symbolique ne semble nullement être le résultat d'une tendance opérant sur la longue durée, comme la sélection darwinienne l'exige. L'autre hypothèse est donc celle-ci : après une longue période, mal comprise, au cours de laquelle, dans notre lignée, le cerveau a connu une expansion et une réorganisation erratiques, un événement a planté les tréteaux pour l'acquisition du langage. Cette innovation relève probablement de ce que l'on appelle « émergence », une combinaison contingente d'éléments préexistants produisant quelque chose de totalement inattendu. Un exemple classique de ce type de phénomène est celui de l'eau, dont les caractéristiques les plus remarquables sont totalement imprévisibles au vu de celles de ses deux composants, l'hydrogène et l'oxygène ; pourtant, la combinaison de ces deux ingrédients donne naissance à quelque chose d'entièrement neuf, et qui ne peut se comprendre que rétrospectivement. Associée à l'exaptation, l'émergence crée un mécanisme puissant dans le processus évolutif, une véritable force motrice propulsant l'innovation dans de nouvelles directions.

En ce qui concerne les capacités linguistiques, aujourd'hui innées chez l'homme, il nous faut supposer, initialement, l'apparition d'un changement neural dans une certaine population de la lignée menant jusqu'à nous. Ce changement était probablement mineur en termes génétiques et totalement étranger à l'adaptation au sens classique. Étant donné que, au cours de la toute petite enfance, le cerveau humain procède lui-même à son propre branchement en créant des voies de passage spécifiques pour d'immenses quantités de connexions neuronales, il est même possible que cet événement ait été épigénétique plutôt que génétique, c'est-à-dire dépendant de stimuli développementaux. Quoi qu'il en soit, il n'a laissé aucune trace dans les archives fossiles, bien que son impact final ait été énorme sur les traces archéologiques de l'homme de Cro-Magnon et de ses successeurs. De même que la clef d'une voûte, tout en étant une pierre comme les autres, est essentielle à la constitution de toute la structure, cette innovation (quelle qu'elle ait pu être, et nous sommes très loin de la comprendre) a été l'élément physique final qui, une fois en place, rendait possible le langage et la symbolisation (avec toutes les conséquences fatidiques qui en découlent). Après son apparition, ses potentialités ont fort bien pu rester en jachère (il suffit pour cela qu'il n'ait entraîné aucun trouble) jusqu'à ce qu'il ait été activé par un stimulus culturel dans une population donnée. Et nous pouvons affirmer avec une quasi-certitude, bien que cela soit difficile à prouver, que ce stimulus a été l'invention du langage. De nos jours, tout être humain maîtrise le langage, ce qui prouve qu'il s'agissait d'une acquisition très avantageuse. Représentant un tel atout, il n'est pas surprenant que le langage, et les autres pratiques symboliques associées, se soient répandus rapidement dans toutes les autres populations de la planète.

Quant à savoir comment cette nouveauté si décisive a été inventée, c'est une question distincte sur laquelle je me garderai de spéculer. Cependant, une fois mis en place le substrat nécessaire au langage, de nombreuses possibilités sont envisageables. Mon explication préférée est celle selon laquelle une forme primitive de langage aurait été inventée non par des adultes mais par des enfants. Puisque le cerveau n'est pas une structure statique, comme une balle de caoutchouc, mais une entité dynamique qui se réorganise elle-même au cours de son développement (et même tout au long de la vie si elle est convenablement stimulée), on peut parfaitement envisager que l'invention d'une sorte de langage primitif (des sons liés les uns aux autres dont l'addition forme un sens) soit due à un groupe d'enfants dans un contexte de jeu. Il est difficile d'imaginer qu'une fois la trouvaille effectuée la société dans son ensemble n'aurait pas fini par l'adopter. Une expérience menée sur une île japonaise avec des macaques vivant sur une plage nous propose une piste qui va dans ce sens. Les singes se sont vu offrir par les chercheurs des patates douces. Ces friandises ayant fini par être couvertes de sable, les jeunes macaques ont très vite entrepris d'aller les laver dans la mer. Il s'est écoulé un certain temps avant que les adultes suivent le mouvement, et ils l'ont fait dans l'ordre suivant : d'abord les femelles, ensuite les mâles dominants, à l'exception des plus âgés, qui n'ont jamais daigné faire cet effort. Mais une bonne idée est une bonne idée ; c'est pourquoi il est difficile de croire que, dans le cas du langage, une fois assimilée la possibilité d'associer des mots à des objets et à des représentations, elle ne se serait pas répandue rapidement.

Reste que la transition entre un mode de vie sans langage et celui qui nous est familier impliquait un saut énorme, cognitif et pratique ; et il est probable que l'invention de la syntaxe ait été un événement distinct et plus tardif, rendu peut-être inévitable dès lors que l'on savait associer des mots aux objets. Un passage brutal du langage inarticulé au langage articulé tel que nous le pratiquons semble peu plausible ; l'idée d'un processus en plusieurs étapes s'impose d'autant plus que c'est ainsi que les enfants acquièrent le langage, le vocabulaire se développant d'abord (très rapidement) avant qu'intervienne la structuration des mots par la syntaxe vers l'âge de deux ans. L'histoire de la naissance du langage est à l'évidence complexe – d'ailleurs, elle ne nous semble possible que parce que nous *savons* qu'elle a nécessairement eu lieu. Une fois apparu, le langage s'est considérablement diversifié et complexifié, à mesure qu'il se répandait dans les populations humaines. Mais la structure commune qu'il présente aujourd'hui partout, indépendamment des différences culturelles, est certainement due au fait que ses fondements étaient présents chez tous les individus longtemps avant que le langage en tant que tel n'apparaisse.

Il nous reste un facteur à expliquer. Pour parler, il faut non seulement posséder un cerveau qui commandera l'appareil vocal, mais aussi un appareil vocal capable de répondre aux instructions du cerveau. Or, chez les premiers primates, l'appareil vocal ne pouvait répondre de la manière adéquate. En fait, les êtres humains sont les seules créatures, grands singes compris (même si certains oiseaux peuvent mimer le langage), physiquement en mesure de produire les sons indispensables au langage articulé. Cette capacité a un prix, comme nous allons le voir. Les principales composantes de l'appareil vocal sont le larynx (la structure située dans le cou abritant les cordes vocales), le pharynx (un tube situé au-dessus du larynx et s'ouvrant sur les cavités buccale et nasale), la langue et son appareil associé. Les sons de base sont produits par les cordes vocales avant d'être modulés dans le pharynx et dans les autres conduits vocaux associés. Chez les mammifères, y compris les grands singes (et les nouveau-nés humains), le larynx est placé assez haut dans le cou ; de ce fait, le pharynx est petit, ce qui limite ses capacités de modulation des sons. Chez l'homme adulte, la position plus basse du larynx dans le cou permet un allongement du pharynx et donc un accroissement de ses capacités de modulation. Le prix à payer dont j'ai parlé, c'est que ce dispositif empêche l'être humain de respirer et d'avaler simultanément, ce qui présente un risque de mort par étouffement.

À lui seul, ce risque prouve que la conformation de l'appareil vocal humain doit offrir, en contrepartie, un avantage décisif ; mais cet avantage n'est pas la possibilité de parler, et nous en avons la preuve. En effet, le sommet de l'appareil vocal est aussi la base du crâne, et grâce à certains fossiles dans lesquels cette zone a été préservée, nous sommes en mesure de reconstruire l'évolution de cet appareil. La combinaison d'un larynx bas et d'un pharynx haut se traduit par une flexion des os de la base du crâne, que nous commençons à apercevoir chez *Homo ergaster*, il y a environ 2 millions d'années ; d'autre part, un crâne d'*Homo heidelbergensis* trouvé en Éthiopie montre qu'il avait pratiquement atteint sa flexion moderne il y a environ 600 000 ans. Ainsi, un appareil vocal capable de produire les sons du langage articulé était en place chez les hominidés plus de 500 000 ans avant que nous ayons la preuve que nos prédécesseurs utilisaient un langage. Il est donc clair que l'appareil vocal adulte de l'homme n'a pas pu être, à son origine, une adaptation *tournée vers* le langage. Dans ce cas, pourquoi a-t-il pris cette configuration ? Il ne peut s'agir, une fois de plus, que d'une exaptation : en dépit de ses inconvénients, la flexion de la base du crâne est apparue et a persisté longtemps avant d'être exploitée pour les possibilités qu'elle offrait en matière d'émissions sonores ; on peut imaginer que, pendant cette longue période, elle conférait un certain avantage pour la production d'une forme archaïque de langage (sur laquelle nous ne pouvons en dire plus), ou encore pour la respiration, question sur laquelle nous en savons très peu dans le cas des hominidés éteints. Quelle que soit la bonne hypothèse, il nous faut conclure que la naissance du langage et ses corrélations anatomiques ne sont pas dues à la sélection naturelle, si avantageuses que ces innovations puissent apparaître rétrospectivement. Impossible, donc, de forger un scénario à peu près convaincant sur l'origine de l'extraordinaire créature que nous sommes sans invoquer l'humble processus de l'exaptation. Non, nous ne sommes pas le résultat d'un réglage précis et progressif au fil des millénaires, puisqu'une bonne part de notre histoire relève du hasard et de la bonne fortune. La nature n'a jamais « décidé » de nous faire occuper une position dominante dans le monde où, quelles qu'en soient les raisons, nous vivons aujourd'hui. Nous sommes plutôt des touristes égarés dans la nature et qui suivent des chemins étranges. Bien entendu, nous n'en sommes pas moins remarquables. Et encore moins dégagés de toute responsabilité.

Chapitre 7

Écrit dans nos gènes ?

L'une des propensions les plus visibles de l'homme est sa soif d'*expliquer* ce qu'il perçoit autour de lui. Il semble que nous ayons en nous un besoin profondément enraciné de poser la question du « pourquoi ? » (et d'y répondre), qu'elle porte sur le monde qui nous entoure ou sur certains aspects de notre étrange nature. En fait, c'est probablement la raison pour laquelle vous êtes en train de lire ce livre, et c'était certainement l'une de mes motivations quand j'ai entrepris de le rédiger, car l'écriture est, en soi, un processus de découverte. De plus, quand bien même la plupart d'entre nous savons parfaitement que le monde est complexe, mystérieux et souvent insondable, nous sommes irrésistiblement attirés vers les explications simples, réductrices. Quelle joie de voir les phénomènes les plus complexes résumés à quelques généralités (mieux encore, à une seule !), et cela même si nous savons, au fond de nous, et surtout sur la question de notre être et de nos motivations, que la réalité cachée est bien plus obscure que nous le souhaiterions !

La psychologie évolutive

Nulle part cette propension humaine n'est plus aisément observable que dans la « science » récente baptisée « psychologie évolutive ». Il est difficile d'imaginer sujet plus rétif à toute tentative d'explication globale que les caprices du comportement humain. Pourtant, au moment même où j'écris ces lignes, il se trouve certainement quelque part un tenant de la psychologie évolutive occupé à réduire tel aspect de notre comportement à l'action de gènes originellement sélectionnés à cette fin par l'adaptation dans un ancien et mythique « environnement ancestral ». J'utilise l'adjectif « mythique » en pleine connaissance de cause, car cette démarche semble reposer sur la nostalgie d'un âge d'or où les gènes étaient harmonieusement accordés à leur environnement – ce qui, bien sûr, suggère qu'en tant qu'êtres biologiques nous serions complètement déphasés par rapport à notre environnement actuel. Mais, si idylliques que puissent paraître de telles visions comparées à ce que nous vivons *hic et nunc* (elles transforment le quotidien de nos ancêtres chasseurs-cueilleurs en tableaux de Poussin ou de Watteau, alors qu'il y aurait tout lieu de préférer, pour décrire leur existence, la formule de Shakespeare sur la vie : « méchante, bestiale et courte »), elles sont foncièrement trompeuses. L'« environnement ancestral » monolithique qu'elles évoquent n'est guère qu'une invention due à notre nostalgie d'un passé idéal qui n'a jamais existé. Je reconnais que ce que je viens d'écrire est largement une réaction excessive à une interprétation de la nature que je juge, après examen, profondément fallacieuse. Mais il est incontestable que nos comportements ne sont pas directement programmés par nos gènes, et que l'idée qu'il existe un environnement spécifique aux adaptations évolutives ne correspond à aucune réalité identifiée. Cette approche méconnaît en outre gravement les principes fondamentaux du processus de l'évolution.

L'idée centrale de la psychologie évolutive est que les comportements humains sont déterminés (au moins en grande partie) par les gènes, éléments de base de l'hérédité de l'homme comme de toutes les créatures vivantes. Les gènes sont des segments d'ADN qui résident dans les noyaux de presque toutes nos cellules et sont en charge non seulement de diriger la construction de chaque nouvel individu, mais aussi de faire passer l'information héréditaire d'une génération à l'autre. Ce qu'il faut bien garder à l'esprit, c'est que, dans la plupart des cas, il n'y a pas correspondance directe entre un gène et un caractère. La plupart des gènes jouent un rôle actif dans le développement de nombreuses caractéristiques, lesquelles sont affectées par l'intervention de plus d'un gène (souvent de beaucoup plus). En outre, on commence à s'apercevoir que, dans bien des cas, les gènes structurels qui régulent le développement de chaque individu ne varient pas significativement d'une espèce à l'autre, même lorsqu'elles sont éloignées et anatomiquement très différentes ; ce qui est crucial, c'est la séquence et le calendrier de l'activation et de la désactivation de ces gènes. L'affaire est, à l'évidence, très complexe, et tous les arguments avancés pour lier le comportement aux gènes se heurtent inévitablement au problème posé par la « pénurie de gènes ». À l'heure où ce livre part à l'impression[1], j'apprends que les gourous du génome ont définitivement arrêté (pour le

1. Dans sa version originale (*NdT*).

moment) que l'être humain possède en fait bien moins de gènes qu'on ne le croyait – 35 000 au maximum [1], une quantité loin d'être suffisante pour contrôler de près les activités complexes du cerveau qui débouchent sur des comportements, surtout si l'on considère l'extraordinaire multiplicité des autres fonctions que les gènes doivent remplir.

L'idée qu'il existe une relation étroite entre gènes et comportement est née chez les sociobiologistes. Leur discipline s'est développée à partir de l'étude de sociétés d'insectes dont les comportements sont stéréotypés et semblent effectivement régulés par des facteurs innés (probablement d'une manière moins directe que les sociobiologistes veulent bien le croire). Mais les êtres humains sont des créatures entièrement différentes, susceptibles d'adopter une gamme infinie de comportements présentant eux-mêmes d'importantes variations. Qui plus est, chaque être humain est potentiellement capable de manifester un comportement nouveau, unique, dont la nature échappe complètement aux facteurs héréditaires. En dépit des très nombreuses différences entre individus et entre cultures, les tenants de la psychologie évolutive ont cru pouvoir identifier dans les sociétés toutes sortes de

---

1. La nouvelle a permis à bien des gens de multiplier les discours pontifiants, dans les journaux, sur le thème d'une suprématie de la « culture » sur la « nature » dans les processus qui déterminent la façon dont chaque nouvel individu va tourner – puisque, manifestement, moins il y a de gènes, moins chacun peut avoir un comportement spécifique. La réalité, pourtant, c'est que les gènes, tout comme les organismes, vivent dans des environnements d'une complexité immense : il y a longtemps que nous aurions dû mesurer à quel point les processus du développement sont interactifs et embrouillés, et renoncer à cette grossière simplification qu'est la dichotomie nature/culture.

comportements humains « universels ». La plupart de ces universaux tourneraient autour de la division des rôles entre mâles et femelles, laquelle, à son tour, ne serait qu'un reflet de la différence des fonctions reproductrices et des facteurs de risque chez les uns et les autres. En fait, quand on affine l'analyse, la majeure partie des comportements réguliers semble relever des universaux économiques que doit affronter chaque individu, quelles que soient ses origines culturelles ou sa situation : rien ne démontre qu'ils soient l'aboutissement d'un contrôle génétique.

Regardons les choses de plus près. Les tenants de la psychologie évolutive sont convaincus que le cerveau humain (ou plutôt les cerveaux, puisqu'ils distinguent le cerveau des hommes de celui des femmes) est en quelque sorte « programmé » pour prédisposer à certains comportements. Pour rendre compte du si vaste éventail des comportements humains, cette explication est manifestement très lacunaire, ce qui ne l'a pas empêchée de rencontrer l'adulation servile des médias et l'approbation d'une bonne partie de leur public, immédiatement séduit par des gros titres comme : « L'infidélité : une affaire de gènes ? » Pourquoi trouvons-nous à ce point attrayantes des vues aussi grossièrement simplificatrices ? Ma collègue Meredith Small pense très judicieusement que c'est parce que ce genre de proposition renforce nos stéréotypes sur la différence entre hommes et femmes et qu'il est très réconfortant de voir la « science » confirmer les préjugés que la société vous a inculqués. Selon ces psychologues, les hommes ont été programmés par leur histoire évolutive pour avoir des relations sexuelles multiples avec de nombreuses femmes afin d'avoir une abondante progéniture et donc de répandre leurs gènes aussi largement que possible. On notera que ce comportement ne leur coûte pas beaucoup puisque ce sont les femmes qui supportent le poids de la grossesse et des soins à donner à l'enfant.

Les tenants de la psychologie évolutive ont une tendresse particulière pour Moulay Ismaïl, dit « l'Assoiffé de sang », un lointain sultan du Maroc auquel on attribue 888 enfants, et ils approuvent aussi probablement sa propension à répandre le sang puisqu'elle était un autre moyen de favoriser ses propres gènes en éliminant ceux d'autres mâles. Comme les femmes, en revanche, ne peuvent avoir qu'un nombre d'enfants limité, nos psychologues affirment qu'il est de leur intérêt, et de celui de leurs gènes, de s'accrocher à un mâle de haut rang qui les aidera à élever leurs enfants aussi efficacement que possible et dans toute l'abondance souhaitable. D'où la tendance des femmes à s'attacher à leur partenaire sexuel, comme l'affirme un stéréotype bien connu qui assigne à la femme un désir inné de monogamie et fait de l'homme un polygame « naturel ». Bien entendu, chacun d'entre nous connaît de nombreux individus qui ne se conforment pas à ce stéréotype, mais cela ne présente qu'un intérêt limité pour ceux qui s'intéressent avant tout aux gènes. À la différence des individus, les gènes n'ont aucune existence économique ou autonome, et ils ne possèdent pas non plus de cerveaux capables d'échafauder des calculs. Notre sultan Moulay, lui, avait certainement tout un programme politique en tête quand il procréait aussi abondamment (sans parler de son probable déséquilibre mental). Quand une chose est possible, même si c'est un projet fou, il se trouvera toujours quelqu'un pour le mener à bien (et je risque l'hypothèse que ce quelqu'un sera probablement un mâle). Les femmes, elles, sont confrontées à l'impératif économique inévitable d'entretenir leur progéniture : améliorer les chances de leurs enfants (et les leurs propres) en se liant à un mâle et à ses ressources est une décision économique très rationnelle, laquelle, avec le passage du temps, a été renforcée par un environnement social qui attend précisément cela d'elles. Il n'y a donc aucune raison d'expliquer la différence entre hommes et femmes par un quelconque programme cérébral apparu dans un « environnement ancestral » parfaitement mythique. La vérité, c'est que les hommes et les femmes, autrefois comme aujourd'hui, ont beaucoup plus à faire dans l'existence que de promouvoir leurs gènes. L'impératif le plus contraignant, pour presque tout le monde, est d'abord économique : il consiste à rester en vie, aussi confortablement que possible, dans un monde d'une remarquable complexité et en perpétuel changement.

En dépit de tout ce que l'on peut lui objecter, la psychologie évolutive semble garder entier son pouvoir de fascination. L'une des raisons en est, on l'a dit, qu'elle conforte les préjugés que nous tous, membres de la société, absorbons si aisément. Une autre est que ses thèses sont portées par une « science », ou tout au moins une conception de la science, qui se trouve correspondre à la plupart des idées reçues. Cette science peut se prévaloir d'un illustre lignage puisque, comme tous les grands textes qui ont inauguré un nouveau savoir scientifique ou un nouveau système de croyances, celui de Charles Darwin, *De l'origine des espèces...* (1859), a fait l'objet de multiples interprétations. Les tenants de la psychologie évolutive ont choisi d'adopter la lecture dite « néodarwinienne », qui donne la primauté à la sélection naturelle dans le processus de l'évolution : les humains et les autres organismes ne sont pas considérés comme des populations cherchant à s'en tirer du mieux qu'elles le peuvent dans un habitat spécifique (ou dans une grande variété d'habitats) à une période donnée, mais comme les membres d'espèces qui seraient perpétuellement sur la voie d'un avenir meilleur, à mesure que la sélection naturelle parfait leur adaptation. Pour nos psychologues, l'évolution est un processus graduel, et il faut du temps, beaucoup de temps, à la sélection naturelle pour favoriser tout ce qui peut améliorer l'adaptation. C'est ce qui explique le recours à l'idée d'un « environnement ancestral » plutôt qu'aux circonstances modernes pour rendre compte de la relation entre nos gènes et nos comportements : ces derniers sont expliqués comme le produit du mode de vie révolu des chasseurs-cueilleurs, ce qui, par définition, les fait apparaître comme désynchronisés par rapport à notre environnement et à nos besoins actuels.

Cette stricte conception sélectionniste de la psychologie évolutive a pour précurseur, ou au moins pour corollaire, l'idée (déjà mentionnée) qu'il existerait une sorte de grand jeu évolutionniste où l'objectif de chaque individu, quel que soit son sexe, serait de répandre ses gènes le plus abondamment possible. Une version extrémiste de cette thèse de l'« égoïsme du gène » tend même quasiment à éliminer les organismes individuels comme acteurs de la dramaturgie évolutive, les gènes « immortels » tenant les premiers rôles et rivalisant entre eux, plus ou moins directement, à qui l'emportera. Les organismes complets sont considérés tout au plus comme des véhicules pour le transport des gènes, dont l'existence est le fait premier. Ce genre de thèse peut déboucher sur d'étranges propositions : on a vu récemment certains de ces psychologues particulièrement réductionnistes défendre le viol comme étant un « comportement adaptatif » en tant que moyen supplémentaire pour les mâles de répandre leurs gènes !

Des tenants de la psychologie évolutive moins extrémistes, s'ils reconnaissent que les gènes ne régulent pas directement le comportement, pensent qu'ils peuvent avoir un effet sur lui en influençant le développement et la fonction de notre « organe de comportement », le cerveau. Et d'avancer l'idée que le cerveau serait « modulaire », c'est-à-dire abriterait des modules dévolus à toutes sortes de fonctions mentales et gouvernés par la sélection naturelle. Bien entendu, le nombre de modules peut être augmenté à volonté à mesure que de nouveaux comportements sont pris en considération. En dehors du fait que l'anatomie cérébrale ne révèle aucune entité modulaire de ce type, cette thèse reflète l'une des erreurs les plus répandues (et pas seulement chez les tenants de la psychologie évolutive) à propos des processus de l'évolution. Cette conception erronée a été baptisée « modèle transformationnel », et son dérapage majeur est d'ignorer totalement les différents rôles, tous très importants, que jouent les individus, les populations et les espèces dans l'évolution. Le « modèle transformationnel » n'accorde d'attention qu'aux changements constatés, dans la durée, dans des caractéristiques particulières : la taille du cerveau, la robustesse du corps, telle tendance comportementale, etc. Il traite les caractéristiques physiques ou comportementales comme si elles jouissaient d'une existence indépendante, sans connexion avec les organismes dans lesquels elles s'inscrivent.

Cette approche est sans nul doute bien commode – les uns s'intéresseront aux modifications évolutives de l'oreille interne, ou de la locomotion (bipédie), ou du cerveau, ou de n'importe laquelle des innombrables caractéristiques qui constituent l'organisme humain, intérêt à chaque fois parfaitement légitime –, mais il est clair qu'elle est incapable de nous raconter toute l'histoire, ni même de longs chapitres. L'histoire de la famille des hominidés, ou de n'importe quel autre groupe, n'est pas simplement la somme abstraite des changements évolutifs subis par un certain nombre de composantes corporelles qui pourraient être étudiées séparément dans leur cheminement temporel. Chaque caractéristique est inextricablement inscrite, avec des milliers d'autres, dans des organismes individuels ; or la sélection naturelle ne favorise qu'un individu dans son entier, pas une de ses composantes. Soit la créature complète (voire l'espèce) se reproduit avec succès, soit elle échoue. La conséquence, c'est que si nous ne voyons dans l'évolution qu'une affaire de « réglage de précision » des composantes individuelles, comportementales ou autres, nous nous trompons lourdement. L'histoire de notre espèce et des espèces apparentées est en réalité beaucoup plus dramatique : elle est faite d'expérimentations évolutives, de spéciation, de lutte pour la survie dans leur(s) environnement(s) et, avec de la chance (il en faut le plus souvent une bonne dose), de procréation de descendants. Il s'ensuit que de nombreuses espèces d'hominidés se sont éteintes. Mais c'est en tant qu'ensemble fonctionnel que les espèces disparaissent ou survivent, bien plus qu'en fonction de tel ou tel trait individuel ; et l'espèce à laquelle appartiennent les survivants ne change pas substantiellement au cours de sa période de vie. L'histoire d'une espèce n'est jamais celle d'une ascension progressive et continue vers un sommet de perfection anatomique ou comportementale.

Une autre vision des choses

Reste que les espèces ont effectivement des comportements différents et que la façon dont les individus se développent a clairement quelque chose à voir avec leurs gènes. Si les humains ne sont pas le produit d'un très long « réglage de précision », quelle est donc l'origine de nos différences ? Dans un chapitre précédent, j'ai fait observer que l'histoire des hominidés était largement constituée de longs épisodes monotones, ponctués çà et là de brèves périodes d'innovation, anatomique et comportementale. En outre, alors que les premiers hominidés (à l'exception majeure des premiers bipèdes et des premiers fabricants d'outils) ont globalement continué à vivre comme leurs prédécesseurs, il n'en va évidemment pas de même d'*Homo sapiens* et de son comportement moderne. Notre espèce si remarquable, avec ses capacités de symbolisation sans précédent, a fait son entrée sur la scène biologique en tant que personnage entièrement neuf, et elle a très tôt instauré une toute nouvelle manière d'interagir avec le monde. Comme je l'ai déjà laissé entendre, cette étonnante capacité d'*Homo sapiens* relève de ce que l'on appelle une « émergence », c'est-à-dire qu'elle est le résultat d'un hasard heureux dans l'acquisition de capacités cérébrales (étant entendu qu'à ce stade de notre savoir il est probablement inutile d'en chercher les « raisons »). Les potentialités cognitives de cette nouvelle conformation biologique ont probablement été activées, après une longue période de latence, par une innovation comportementale, la plus plausible (mais pas nécessairement la bonne) étant l'invention du langage. Il est aussi capital de noter que les archives de l'évolution ne contiennent aucune preuve d'un réglage graduel (donc presque inéluctable) qui aurait engendré la condition moderne de l'homme et tout ce qu'elle a d'unique. Nos prédécesseurs n'étaient pas que des « joueurs de seconde division » comparés à nous, et ce serait une erreur de tenter de les interpréter à travers notre image. Bien entendu, il est toujours possible de ratisser les archives les plus anciennes à la recherche d'occurrences occasionnelles de ce que l'on pourrait baptiser « symbolisation » ; mais ces occurrences, au moins jusqu'à présent, ont la particularité d'être l'exception et non la règle. S'il est donc vrai que le développement de l'étonnant cerveau humain a été le résultat de modifications génétiques à un certain niveau, il est bien difficile de préciser en quoi ces modifications ont consisté. La seule chose que nous puissions avancer avec quelque certitude, c'est que l'apparition des capacités humaines a été un événement de courte durée et, qui plus est, assez récent.

Tout cela, on le voit, jette le doute sur les bases mêmes de la psychologie évolutive. On concédera que nos cerveaux sont, en dernière analyse, le produit de nos gènes et de leurs interactions avec l'environnement au sens large. Bien des traits de la personnalité, par exemple, semblent être fixés à un stade très précoce de l'existence (les nouveau-nés sont déjà, à plus d'un titre, les individus qu'ils deviendront), mais la gamme des capacités et des comportements humains est commune à tous les hommes. L'« environnement ancestral » des adaptations évolutives déterminantes est un concept bien mal défini en termes temporels ; si on les pressait sur ce point, les partisans de la psychologie évolutive nous préciseraient sans doute qu'il recouvre la période, ouverte il y a un peu moins de

2 millions d'années, au cours de laquelle le cerveau des hominidés a triplé de volume par rapport à celui du singe. Personne ne sait exactement ce qu'a été l'histoire de cet accroissement, et surtout pas du point de vue comportemental. Ce qui semble clair, en revanche, c'est que la transformation cognitive la plus radicale est intervenue bien après que le cerveau eut atteint sa taille actuelle. Compte tenu de ce que nous savons de notre passé, c'est à cet extraordinaire événement que nous devons consacrer toute notre attention pour comprendre le comment et le pourquoi de ce qui nous a rendus uniques, au lieu de nous en remettre à la sélection naturelle darwinienne et à notre long périple évolutif, si fascinant qu'il soit.

Tout ce qui précède conduit à penser que c'est vers nous-mêmes, tels que nous existons aujourd'hui, plutôt que vers les différents personnages ou environnements de notre long passé évolutif, que nous devons nous tourner dans notre quête d'une explication (ou au moins d'une caractérisation) de ce que nous sommes. Bien entendu, nous en savons déjà beaucoup sur nous-mêmes ; au premier chef, nous savons que nous avons un psychisme qui ignore le repos et ne cesse de se demander qui nous sommes et d'où nous venons, avide de trouver une explication au phénomène extraordinaire que nous représentons. C'est précisément la satisfaction de cette curiosité inassouvie, profondément inscrite en nous depuis des millénaires, que les travaux des paléoanthropologues cherchent à atteindre. Et pour connaître notre moi si mystérieux, nous devons simplement (en fait, pas si simplement que ça) regarder vivre *Homo sapiens* autour de nous. Notre espèce est un phénomène infiniment complexe et contradictoire. Nos comportements sont le résultat de milliards d'acquis de l'évolution qui nous ont dotés d'un cerveau aux « couches » multiples ; ainsi, nos comportements actuels sont influencés, mais non gouvernés, par des structures à coup sûr très anciennes. En ce qui concerne le comportement, les êtres humains, pris individuellement ou en tant qu'espèce, peuvent être décrits à l'aide de tous les adjectifs antithétiques imaginables. Considérer telle ou telle caractéristique humaine comme la plus significative, c'est seulement opérer un choix délibéré parmi toutes ces antithèses ; et ce type de choix ne nous mène pas très loin dans la connaissance de nous-mêmes. Ces derniers temps, j'ai pourtant fini par penser que, si un unique trait peut rendre compte de nos comportements souvent bizarres (ou leur être, tout au moins, assez bien corrélé), c'est simplement le fait que nous ne supportons pas de nous ennuyer. Pensez-y, cela explique pas mal de choses.

Chapitre 8

Où allons-nous ?

Chaque regard porté sur le passé de l'homme semble exiger d'être extrapolé en vision de l'avenir, et le petit monde prospère des futurologues s'est toujours appuyé sur ce genre de projection, car la futurologie regarde au moins autant vers le passé que vers l'avenir : extrapoler le monde futur à partir de tendances connues est toujours l'option la plus sûre, alors qu'il est bien plus difficile de vendre la vision d'un avenir authentiquement neuf et impossible à anticiper. Nulle part cette tendance n'est plus spectaculairement visible que dans les prédictions sur l'avenir de l'évolution humaine, lesquelles nous proposent invariablement des personnages aux têtes énormes perchées sur des corps fragiles. Bien sûr, la logique semble impeccable, du moins tant que nous nous limitons à la « tendance » qui nous est la plus chère entre toutes celles qui auraient marqué l'évolution de notre espèce : l'accroissement du volume du cerveau. Cet accroissement est indéniable si l'on prend en considération le point de départ et le point d'arrivée : il y a 2 millions d'années, le cerveau de nos précurseurs putatifs n'était que la moitié du nôtre, et il ne dépassait guère celui des grands singes. Jusqu'ici, rien à dire : 2 millions d'années d'évolution ont vu une augmentation significative du volume moyen du cerveau des hominidés.

Cependant, dès qu'on y regarde de plus près, cette « tendance » s'évapore. Nous ignorons combien d'espèces ont été concernées par cette transformation, à quel point le volume du cerveau variait d'un individu à l'autre au sein de ces espèces, quand ces dernières ont vécu, pendant combien de temps... En d'autres termes, nous n'avons aucune idée du modèle précis suivi par l'accroissement du cerveau au cours de l'évolution. Tout ce que nous savons, c'est que les hominidés d'il y a 2 millions d'années avaient un petit cerveau, les hominidés plus récents un cerveau de taille intermédiaire, et que nos cerveaux actuels sont d'un volume remarquable : ce sont là des preuves bien maigres pour étayer l'idée implicite d'une transformation linéaire du volume du cerveau dans le passé humain, et un fondement fort peu solide pour extrapoler l'avenir. Et quand nous nous mettons en quête d'autres preuves de tendances de long terme dans d'autres systèmes de l'organisme humain, les indices de transformation linéaire dénichés sont encore moins substantiels. En fait, le modèle de notre développement, comportemental ou anatomique, se signale surtout par la monotonie (l'absence de changements), ponctuée de temps à autre par des innovations d'importance.

Ce modèle des changements épisodiques sonne juste quand nous considérons ce que nous savons réellement aujourd'hui sur le processus de l'évolution lui-même plutôt que ce que nous sommes incités à en supposer. La vulgate évolutionniste assure que l'évolution est un processus graduel consistant en un réglage de plus en plus précis qui s'est déroulé sur des éternités, les individus les mieux « adaptés » à leur environnement transmettant à leur progéniture, génération après génération, des avantages héréditaires. De fait, tant que nous considérons l'évolution de traits particuliers, le processus semble évident et inéluctable. Mais les traits particuliers ne sont pas, et ne peuvent être toute l'histoire. Ces caractéristiques que nous avons l'habitude de baptiser « adaptations » (celles sur lesquelles nous adorons forger de belles histoires) ne sont que des éléments inscrits dans des organismes d'une étonnante complexité. Chaque individu est un tout d'une seule pièce, et la sélection naturelle se résume au fait que certains individus ont plus de chances que d'autres d'avoir une abondante progéniture. L'alternative est la suivante : soit l'individu (d'un sexe comme de l'autre) a une nombreuse postérité, soit ce n'est pas le cas. Il n'existe pas de mécanisme par lequel des caractéristiques particulières – et encore moins des gènes – pourraient être sélectionnées et bénéficier ainsi d'un traitement de faveur, ou d'une disgrâce, sans que des centaines d'autres le soient avec elles. Qui plus est, les individus appartiennent à des populations, les populations appartiennent à des espèces, et ces ensembles plus vastes ont aussi un rôle à jouer dans le processus de l'évolution.

La seule chose que nous sachions avec certitude, c'est que les espèces qui connaissent réussite et expansion territoriale tendent à engendrer des populations locales diversifiées. Et ce sont ces populations locales qui sont le moteur de l'innovation dans le processus évolutif. À la différence des grandes populations qui s'interfécondent au hasard, et dans lesquelles le poids de l'inertie génétique handicape l'innovation, les populations locales sont suffisamment réduites, donc génétiquement assez instables, pour intégrer d'authentiques nouveautés transmissibles par l'hérédité. Une fois la nouveauté apparue, les processus de la spéciation (sans lien avec ceux qui produisent les nouvelles morphologies) peuvent alors intervenir pour engendrer de nouveaux ensembles, historiquement indépendants. Et ces nouveaux ensembles, à leur tour, entrent en compétition, dans leur environnement, avec d'autres qui leur ressemblent. Il va de soi que la totalité du processus s'inscrit dans le contexte écologique plus vaste dont les populations et les espèces sont des composantes.

En outre, l'environnement connaît des changements rapides, à une vitesse que la sélection naturelle serait bien en peine de suivre. En témoignent – et ce sont les exemples les plus spectaculaires – les cinq extinctions massives qui ont eu lieu au cours des 440 millions d'années passées et sur lesquelles nous disposons de nombreuses données. On estime qu'à chacune de ces extinctions 70 % à 90 % des espèces présentes sur la planète ont disparu très brutalement, pour des raisons qui n'ont rien à voir avec leur adaptation, bonne ou mauvaise, à l'environnement dans lequel elles s'étaient développées. On peut même dire qu'un scénario identique se déroule sous nos yeux puisque, de nos jours, une « sixième extinction » est en train d'emporter un nombre alarmant d'espèces sous l'effet d'un phénomène absolument inattendu : les activités destructrices d'*Homo sapiens*. Mais ceci est une autre histoire.

De l'avenir

Si nous voulons bien nous libérer de la conception selon laquelle l'évolution serait un réglage de précision, et reconnaître plutôt le rôle que jouent les populations dans la détermination des événements évolutifs, nous aurons une idée plus claire des probabilités de changement biologique ou cognitif futur. Rappelons la donnée de départ : pour qu'une véritable innovation apparaisse et soit incorporée à titre permanent dans une composante de la population humaine, il est indispensable que cette population se fragmente. Sa division en petites unités (et donc génétiquement instables) permet à toute innovation héréditaire qui pourrait apparaître de s'y « fixer ». Sans ce processus, aucune véritable innovation ne saurait, à l'avenir, s'intégrer au vivier génétique de l'humanité. Or, dans les conditions présentes, une telle fragmentation est inimaginable. La population mondiale compte actuellement plus de 6 milliards d'individus, et elle continue de s'accroître. Presque partout sur la planète la densité de la population augmente, et les êtres humains sont incomparablement plus mobiles qu'auparavant. La croissance de la population et celle de sa densité constituent donc une tendance exactement contraire à celle requise pour qu'un changement évolutif s'installe. Elle représente en outre un renversement total des tendances antérieures. Il suffit d'observer la foule dans les rues des grandes métropoles occidentales pour se rendre compte de la diversité (même superficielle) qui règne dans notre espèce *Homo sapiens*, diversité d'ailleurs assez récente puisque, dans l'état actuel de nos connaissances, on considère qu'*Homo sapiens* n'est présent sur la planète que depuis 100 000 ou 150 000 ans. Au cours de cette période, bien courte à l'échelle géologique, les populations humaines ont effectivement connu des différenciations locales (mineures) dans plusieurs parties du monde – rien de plus normal pour une espèce qui a connu un tel succès dans la compétition avec les autres et s'est donc répandue partout. Mais il est beaucoup moins évident que nous puissions extrapoler quelque chose de ce processus pour imaginer l'avenir. En effet, ces différenciations mineures au sein de l'espèce *Homo sapiens* ont eu lieu à une époque où les hominidés étaient peu nombreux et où les changements climatiques dus aux grandes glaciations venaient périodiquement bouleverser les conditions d'existence des populations animales et végétales. Quand la calotte glaciaire s'étendait, non seulement les zones de végétation glissaient vers l'équateur mais le niveau des océans s'abaissait, entraînant l'apparition de vastes ponts terrestres. En revanche, quand le climat se réchauffait, l'inverse se produisait : des terres jusqu'alors réunies étaient séparées par l'apparition de mers nouvelles. Des conditions climatiques et géographiques aussi mouvantes ne pouvaient que favoriser la fragmentation de populations humaines déjà éparses, et les conséquences évolutives – l'apparition de groupes locaux distincts – étaient exactement celles que l'on aurait pu prédire.

Aujourd'hui, en revanche, pour des raisons qui tiennent beaucoup plus aux aspects modernes du comportement humain et à nos réussites technologiques qu'à des influences extérieures, l'espèce *Homo sapiens* vit une époque d'unification. Démontrant de façon patente que l'innovation morphologique et l'apparition d'une nouvelle espèce sont deux choses bien distinctes, les individus des populations qui sont apparues un peu partout sur la planète se reproduisent désormais entre eux, conséquence de notre mobilité sans précédent, en tant qu'individus comme en tant que populations. Il en résulte une tendance clairement identifiée, même si elle est lente, au brouillage de toutes les distinctions qui s'étaient précédemment développées dans des isolats géographiques. On mesure à quel point les facteurs culturels et technologiques jouent un rôle capital dans ce processus. Et, aussi longtemps que cette tendance se poursuivra, on ne voit pas comment une innovation significative pourrait se fixer dans le vivier génétique humain. Il faut donc en conclure que, tant que ces conditions perdureront, aucun changement morphologique ou cognitif de l'espèce humaine ne pourra intervenir. Nous avons beau, de temps en temps, nous épouvanter de ce que nous sommes et de ce que nous faisons, il est totalement irréaliste d'espérer que des processus évolutifs bienfaisants vont se déclencher et sauver notre espèce de ses excès. En d'autres termes, il nous faut apprendre à vivre avec nous-mêmes tels que nous sommes : aucun *deus ex machina* n'interviendra !

À moins, bien entendu, que les conditions ne changent. Tout facteur entraînant une réduction et une fragmentation significatives de la population humaine réintroduirait *ipso facto* la possibilité d'une innovation évolutive. De tels facteurs ne sont pas difficiles à envisager, car tous s'inscrivent malheureusement dans des scénarios catastrophiques. Ainsi, l'impact d'un astéroïde, du type de celui qui a provoqué la disparition des dinosaures il y a 65 millions d'années (on en est désormais convaincu), ferait parfaitement l'affaire... Surtout si le nuage de poussière consécutif était capable de bloquer le passage de la lumière du soleil et d'interrompre la photosynthèse sur toute la planète pendant une assez longue période. Les études les plus récentes considèrent que la probabilité d'un tel événement dans les 100 000 années à venir est proche de zéro mais, à plus long terme, une catastrophe de cet ordre est pratiquement inévitable. En ce qui concerne l'humanité actuelle, le scénario le plus inquiétant, car il peut se réaliser à tout moment, est celui d'une maladie horrible et incurable frappant l'ensemble de la population mondiale. Par une ironie de l'histoire humaine, plus la densité de peuplement est forte (conséquence de la réussite de l'espèce), plus la population est vulnérable. Tous les agents pathogènes (virus, bactéries, prions, etc.) ont besoin, pour s'épanouir, d'une population hôte d'une taille critique, et plus le peuplement est dense, mieux ils s'en portent. Ils prospèrent aussi tout particulièrement quand la population affectée ne se préoccupe pas des conditions de transmission de la maladie, négligence inévitable chez les autres espèces animales mais encore trop fréquente chez l'espèce humaine. Rien de plus facile à imaginer (et beaucoup l'ont fait) qu'un virus moins fragile et encore plus aisément transmissible que celui du sida se répandant dans nos villes surpeuplées, et même dans nos campagnes. Un bacille de la tuberculose résistant à tous les médicaments actuels pointe à l'horizon, et qui sait si d'autres agents pathogènes ne suivent pas ses traces ?

Le désastre peut également provenir de facteurs économiques. Les archives archéologiques sont tristement éloquentes sur la manière dont une exploitation excessive de l'environnement peut conduire à l'effondrement économique, entraînant la chute d'une civilisation, même très raffinée, et une catastrophe démographique presque complète. D'autres scénarios, enfin, brodent sur l'idée que nos exploits technologiques surpasseront notre capacité à affronter leurs conséquences. Aucune loi de la nature n'est plus puissante que celle des conséquences non prévues. Quelles que soient les précautions prises pour contrôler les résultats de nos actions, elles engendrent presque toujours des difficultés que nous n'avions pas anticipées, et nous savons que régler les problèmes secondaires nés de nos propres actes est souvent plus difficile que d'affronter ceux qui viennent de la nature. Sur le long terme, la pollution et la prolifération des déchets toxiques peuvent très bien franchir le seuil critique et rendre inhabitables des zones de plus en plus vastes de la planète ; pensons aussi aux ravages du nucléaire, sujet de bien des ouvrages de fiction depuis un demi-siècle et qui pourraient quitter le royaume de l'imaginaire pour imposer leur réalité à l'espèce humaine. On pourrait continuer la liste, mais le point essentiel est déjà patent : il est effectivement possible d'imaginer une conjoncture dans laquelle des changements évolutifs significatifs pourraient de nouveau se produire dans les populations humaines. Mais tous les scénarios qui l'envisagent passent par une catastrophe apocalyptique, l'anéantissement de milliards d'êtres humains. Il vaudrait donc beaucoup mieux consacrer nos énergies au maintien du *statu quo* et inventer une manière de composer avec cette nature humaine qui nous est à la fois si familière et d'une étrangeté insondable.

Quelles cartes avons-nous en main ?

Si, dans l'état actuel des choses, rien ne permet d'envisager un changement évolutif significatif chez les populations humaines, à quoi devons-nous raisonnablement nous attendre ? Pouvons-nous nous contenter de poursuivre allègrement sur la voie de l'inconscience, ou devons-nous impérativement nous préoccuper de l'avenir de notre espèce ? Dans ce domaine, extrapoler à partir des tendances actuelles n'est pas un exercice impossible, même s'il n'est guère réconfortant. De toute évidence, la tendance la plus frappante chez *Homo sapiens* est l'explosion démographique, laquelle affecte la qualité de vie de presque tous les habitants de la planète. Au XVIIIe siècle, Thomas Malthus pensait que la croissance de la population dépasserait inéluctablement celle de la production d'aliments ; il ouvrait ainsi la voie aux théories de Darwin et de Wallace sur le rôle de la sélection naturelle dans l'évolution. Depuis, la population du globe s'est considérablement accrue mais, grâce à notre créativité technologique, la production alimentaire a augmenté simultanément. Certes, des poches de la population humaine souffrent encore de la faim, mais la faute en est à une exploitation excessive des ressources dans certaines régions et, plus encore, à la persistance de vieux conflits, à la corruption et aux méfaits des gouvernements. Malheureusement, compte tenu de la nature de ces causes, le remède ne peut venir que des hommes politiques (Dieu nous aide !), et non de la technologie. Globalement, la production alimentaire paraît suffisante pour nourrir la vaste et toujours croissante population d'*Homo sapiens* ; et il semble qu'un large espace soit encore disponible pour étendre cette production, même si nous ne pouvons ignorer qu'à long terme une croissance continue finira par se heurter à un mur : la finitude de notre planète.

La récente explosion démographique de la population mondiale réjouit les économistes : depuis 250 ans qu'ils réfléchissent, la technique est toujours parvenue à trouver de nouveaux moyens pour nourrir une population en expansion, et il n'y a aucune raison de penser que, dans l'avenir proche au moins, ces conditions pourraient changer. Les économistes vont même jusqu'à saluer comme positif tout accroissement de population car ils redoutent les conséquences de sa diminution : quand le taux de reproduction d'une population vieillissante baisse, le fardeau économique qui pèse sur le secteur productif, lequel est *ipso facto* réduit, s'accroît en proportion. En d'autres termes, l'entretien d'un nombre croissant d'individus à la retraite (non productifs) incombe à des actifs moins nombreux. Une fois franchi un certain seuil, les conséquences économiques de ce déséquilibre de la pyramide des âges deviennent très graves, et ni les hommes politiques ni les économistes ne savent comment y remédier. Une solution simple, à court terme (les êtres humains ayant une forte propension à ne considérer que le court terme), est d'évacuer le problème en recourant à l'immigration. Mais, sur le long terme, cela ne suffira pas. Comme l'a fait remarquer John Maynard Keynes, le plus célèbre économiste du XXe siècle : « Dans le long terme, nous serons tous morts. »

Si la population humaine semble capable d'une expansion presque illimitée (même au prix d'une forte misère, quand la croissance démographique, dans une grande partie du monde, excède celle de la productivité économique), d'autres ressources ne sauraient connaître ce type de croissance : l'eau, un air raisonnablement respirable, mais aussi, tout simplement, l'espace nécessaire à nos existences. Le lien de cause à effet entre fortes concentrations de population et pathologies sociales a été démontré, non seulement chez les êtres humains, mais aussi chez tous les mammifères sociaux. En dépit du nombre gigantesque d'êtres humains actuellement en vie, nous n'en sommes pas encore au stade où la croissance démographique constitue une menace directe contre notre existence. Mais les choix à faire pointent à l'horizon, même si les conséquences de notre inaction ne concernent, dans l'ensemble, qu'un avenir plus lointain. Voulons-nous vraiment que nos paysages soient défigurés à perte de vue par les cicatrices de béton des autoroutes ? Voulons-nous vraiment que nos plus beaux sites naturels soient recouverts par les détritus abandonnés par les touristes ? Voulons-nous encore subir les longues heures d'attente dans des aéroports surchargés ? Voulons-nous vraiment que la pollution s'étende avec la croissance des agglomérations urbaines ? Voulons-nous vraiment accepter le rapide épuisement de ressources naturelles non renouvelables ? Voulons-nous vraiment assister passivement à la destruction, par notre espèce, de toutes celles qui l'environnent, avec pour seule perspective d'avoir un jour à partager le monde avec les rats, les pigeons et les cafards ? Voulons-nous vraiment perdre la petite marge d'espace individuel qui nous reste dans les mégalopoles ? Plus grave encore, voulons-nous vraiment ignorer les avertissements répétés quant aux conséquences potentiellement catastrophiques du réchauffement de la planète ? Tout se passe comme si une grande majorité d'entre nous y étaient tout disposés, surtout lorsqu'ils prennent en compte les coûts à court terme d'une intervention visant à inverser telle ou telle perspective peu réjouissante. Et puis, bien entendu, ces problèmes sont toujours la faute de quelqu'un d'autre, et c'est lui qui devrait être le payeur. Pourtant, si les pires aspects de cet avenir restent largement du domaine de l'imaginaire (au moins pour ceux d'entre nous qui vivent dans un pays développé), et si détourner les yeux peut donc sembler une bonne tactique, nous frôlons déjà la limite de ce que nous pouvons ignorer avec insouciance. Qui, il y a vingt ans, avait entendu parler des comportements incroyablement agressifs de certains automobilistes sur les autoroutes urbaines congestionnées tels qu'ils sont rapportés désormais chaque jour dans la presse américaine ? Quand on sait la vitesse à laquelle croît la population, deux points peuvent être avancés avec certitude : d'abord, que ces accès de folie sont simplement fonction du nombre de conducteurs empruntant la même voie ; ensuite, que ce type de comportement perturbant n'est qu'un avant-goût de ce qui nous attend avec l'augmentation de la densité de population. L'espace et son usage constituent un facteur social critique que nous ne pouvons ignorer sans péril, et c'est sur ce point que l'extrapolation à partir des tendances actuelles est la plus alarmante pour l'avenir de notre espèce.

Nombre d'études ont démontré que, chez les êtres humains, la taille maximum de l'unité sociale au sein de laquelle les comportements individuels peuvent être régulés par le simple effet de la pression du groupe est d'environ 150 individus. Au-delà, un mécanisme élaboré de contrôle social est indispensable pour décourager les comportements antisociaux d'au moins certains membres du groupe. Plus la taille de celui-ci s'accroît, plus ces mécanismes doivent être complexes, et plus le mécontentement augmente chez ceux qui les supportent mal. Et quand nous arrivons aux énormes concentrations de population de la société postindustrielle, les institutions sociales doivent être si lourdes et si impersonnelles que bien des citoyens sont pratiquement contraints de se chercher une identité dans l'appartenance à des sous-sections de la société. Certains de ces groupes identitaires sont tout à fait positifs et susceptibles d'enrichir l'expérience individuelle, mais d'autres, comme ceux qui relèvent de la vénéneuse variété « nations aryennes », n'ont d'autre objet que d'opposer un « nous » à un « eux » et d'introduire dans le corps social des divisions dangereuses. Ce que nous pouvons dire avec certitude au sujet de l'avenir, c'est qu'avec l'augmentation de la densité de population ces tendances à la scission déjà perceptibles en dessous de la surface de la société seront de plus en plus difficiles à contrôler.

Que voilà une mauvaise nouvelle... mais elle n'épuise pas le sujet. Il va de soi que nous ne saurions compter sur la sélection naturelle pour nous sauver de nous-mêmes – bien que, sait-on jamais, nous possédions peut-être déjà certaines caractéristiques « exaptatives » qui, une fois déclenchées, pourraient nous aider à recouvrer un équilibre. Il est plus vraisemblable, pourtant, que les humains vont tout simplement continuer à être les créatures mystérieuses et capricieuses que nous connaissons bien. Nous ne sommes pas le produit d'un quelconque réglage de précision, et notre comportement le démontre. Il y a près de trois siècles, Alexander Pope résumait notre condition humaine, ou plutôt notre absence de toute condition stable, en des vers restés célèbres :

L'homme entre deux états placé sur cette terre,
N'ayant qu'une sagesse, une grandeur grossière,
Avec trop de savoir pour le sceptique écueil
Et trop de lâcheté pour le stoïque orgueil,
Reste en suspens : faut-il qu'il agisse ou s'arrête ?
Doit-il se regarder comme Dieu, comme bête ?
Enfin doit-il son âme à son corps préférer ?

L'homme est né pour mourir, raisonne pour errer,
Et telle est sa raison, telle est son ignorance
Qu'il ne sait si trop peu, si plutôt trop il pense.
Chaos de passions et de pensers confus,
Par lui-même trompé, détrompé, tout abus,
Créé pour s'élever et pour tomber sans cesse ;
Maître, esclave de tout, partout force et faiblesse,
De vérité seul juge, abîmé dans l'erreur,
Du monde il est l'énigme, et l'opprobre et l'honneur[1].

Tel est donc l'homme, en tant qu'individu ou en tant qu'espèce : un faisceau de paradoxes, incapable de s'arracher aux contradictions qui assaillent son existence. Mais l'absence très probable de changement futur dans notre biologie ou nos connexions cognitives implique-t-elle un avenir d'une monotonie insupportable ? Je ne le crois pas, car *Homo sapiens* est une créature décidément fascinante. Et dès qu'il s'agit de notre espèce, la perspective d'en « reprendre une tranche » n'annonce nullement l'ennui. La longue histoire des hominidés a connu de durables périodes de monotonie mais, dès qu'*Homo sapiens* est entré en scène, tout a changé. Et bien que l'on entende souvent affirmer que le cerveau humain serait « encore en train d'évoluer » biologiquement de façon indéterminée, ce qui est presque certainement faux, il n'y a aucune raison de penser que rien de nouveau ne va surgir sur le front intellectuel. Voilà un autre cas où il semble permis d'extrapoler, à partir du proche passé de l'espèce, son avenir probable.

Armés du seul cerveau que nous possédons déjà, il est certain que nous continuerons à découvrir de nouvelles

1. *Essai sur l'homme*, poème philosophique (1733), traduction française de E. Dupaigne, Paris, 1864 (*NdT*).

manières de faire de nouvelles choses. Dès l'apparition d'*Homo sapiens* et de ses extraordinaires capacités à utiliser les symboles, nous avons trouvé des moyens originaux d'exploiter le stupéfiant mécanisme qu'abritent nos crânes. Qui aurait pu imaginer, il y a 30 000 ans, alors que la grotte Chauvet se couvrait de peintures d'animaux et de motifs géométriques parmi les plus splendides jamais créés, que l'homme serait un jour capable de transcrire le langage, cette invention récente, sous la forme de l'écrit ? Qui aurait pu concevoir il y a 3 000 ans que, dans un avenir pas si lointain, il utiliserait son cerveau pour écrire des symphonies et les enregistrer sur toutes sortes de médias ? Qui aurait rêvé, il y a simplement 300 ans, que ses remarquables capacités cognitives lui permettraient d'aller sur la Lune ou de construire des ordinateurs ? Et, il y a simplement 30 ans, une fois les ordinateurs entrés en scène, qui aurait pu prévoir l'extraordinaire phénomène social qu'est l'Internet ? Aucune de ces innovations n'a exigé d'amélioration des capacités cérébrales : les potentialités étaient là depuis le début, dans l'attente d'être découvertes et exploitées. Et ce processus n'est pas près de s'interrompre. Bien entendu, les exploits passés du genre humain étant déjà à couper le souffle, ce qui sera possible dans l'avenir excède toutes nos capacités de prévision. Ce dont nous pouvons être sûrs, c'est que le remarquable organe logé dans nos crânes ne nous laissera jamais à court d'innovations : il y a en l'homme, profondément ancrée, une continuelle soif de nouveauté qui nous le garantit. Et si nombre de ces inventions seront probablement relativement insignifiantes, on peut cependant prédire avec quelque certitude que, de temps à autre, une innovation importante surgira, que ce soit dans la technologie, les arts ou la vie sociale.

Il n'est nullement nécessaire que le cerveau se perfectionne physiquement pour que cette propension à l'innovation continue à porter ses fruits. Toutefois, qui sait quelles exaptations sont déjà en place, attendant d'être déclenchées ? Bienvenue à tous dans le monde futur ! Biologiquement parlant, nous y sommes déjà.

Table des matières

Préface 9
Introduction 13

1. En quoi la démarche scientifique est-elle si particulière ? 19
La nature de la science 21
Prouver la fausseté 27
La science comme entreprise collective 32
Science et paléoanthropologie 40

2. Pourquoi l'évolution est-elle si mal comprise ? 45
La sélection naturelle 47
La théorie synthétique de l'évolution 49
La théorie des équilibres ponctués 53
La spéciation 55
Populations locales 59
L'adaptation 61
La diversité 66

3. Le singe dans le miroir 71
Intention et tromperie 73
Le singe et le miroir 77
Cerveau, intelligence, conscience 81
Types d'intelligence 88

4. L'évolution de l'homme et l'art de grimper aux arbres 93
Les premiers bipèdes 98
Les premiers fabricants d'outils 104
L'apparition de la structure corporelle moderne 111
Les grands traits des débuts de l'évolution humaine 115

5. L'énigme des Néandertaliens 121
Qui étaient donc les Néandertaliens ? 126
Les techniques des Néandertaliens 129
Le mode de vie des Néandertaliens 132
La mort chez les Néandertaliens 134
Les hommes de Cro-Magnon 137
Les interactions entre Néandertaliens et hommes de Cro-Magnon 139
Les derniers Néandertaliens 144

6. Les chemins de l'humanisation 149
Cerveau et innovation 158
Facultés cognitives et symbolisation 163
Le langage et l'apparition des facultés cognitives chez l'homme 168

7. Écrit dans nos gènes ? 177
La psychologie évolutive 178
Une autre vision des choses 187

8. Où allons-nous ? 191
De l'avenir 194
Quelles cartes avons-nous en main ? 199

Achevé d'imprimer en janvier 2003
sur presse Cameron
dans les ateliers de
Bussière Camedan Imprimeries
à Saint-Amand-Montrond (Cher)
pour le compte de la librairie Arthème Fayard
75, rue des Saints-Pères - 75006 Paris

35-60-1655-6/01

ISBN 2-213-6145-55

Dépôt légal : janvier 2003.
N° d'Édition : 28253. – N° d'Impression : 030317/4.

Imprimé en France